对数螺旋锥齿轮啮合理论

李　强　闫洪波　著

北京
冶金工业出版社
2013

内容提要

本书是作者在对数螺旋锥齿轮的啮合理论较深入研究基础上编写的。将对数螺旋线应用到螺旋锥齿轮上，并将其作为螺旋锥齿轮的齿向线，是作者提出的一种全新齿轮——对数螺旋锥齿轮。本书系统地讲述了对数螺旋锥齿轮的传动原理，构成了这种齿轮啮合理论较完整体系，并在书中阐明了对数螺旋锥齿轮参数的设计确定方法，同时给出了对数螺旋锥齿轮的矢量建模及啮合仿真的分析。

全书共分5章。主要内容包括：螺旋锥齿轮及微分几何基础；对数螺旋线；圆锥对数螺旋齿轮啮合理论；对数螺旋锥齿轮的设计方法；对数螺旋锥齿轮的矢量建模及啮合仿真等，其中对数螺旋齿轮啮合理论是本书介绍的核心技术。

本书适合齿轮理论研究工作者和从事齿轮制造业的工程技术人员学习参考，也可作为齿轮设计制造方向的研究生教材和参考书。

图书在版编目(CIP)数据

对数螺旋锥齿轮啮合理论/李强,闫洪波著．—北京：冶金工业出版社，2012. 6(2013. 7 重印)

ISBN 978-7-5024-5949-9

Ⅰ. ①对…　Ⅱ. ①李…　②闫…　Ⅲ. ①螺旋锥齿轮—啮合原理　Ⅳ. ①TH132. 421

中国版本图书馆 CIP 数据核字(2012)第 126997 号

出 版 人　谭学余

地　　址　北京北河沿大街嵩祝院北巷 39 号，邮编 100009

电　　话　(010)64027926　电子信箱　yjcbs@cnmip. com. cn

责任编辑　程志宏　美术编辑　李　新　版式设计　孙跃红

责任校对　郑　娟　责任印制　张祺鑫

ISBN 978-7-5024-5949-9

冶金工业出版社出版发行；各地新华书店经销；北京百善印刷厂印刷

2012 年 6 月第 1 版，2013 年 7 月第 2 次印刷

787mm × 1092mm　1/16；8. 5 印张；192 千字；125 页

29. 00 元

冶金工业出版社投稿电话：(010)64027932　投稿信箱：tougao@cnmip. com. cn

冶金工业出版社发行部　电话：(010)64044283　传真：(010)64027893

冶金书店　地址：北京东四西大街 46 号(100010)　电话：(010)65289081(兼传真)

(本书如有印装质量问题，本社发行部负责退换)

前 言

随着机械制造业的发展和国际市场竞争的日益激烈，对机械传动的基础件——齿轮的精度、强度和平稳性等方面的要求也越来越高，因此，提高我国齿轮制造业的整体水平并在重点领域——螺旋齿锥齿轮的设计和制造技术方面有所突破是极为重要的。

本书是作者在总结近年来对数螺旋锥齿轮研究成果基础上撰写而成的。作者创新性地提出将对数螺旋线作为螺旋线锥齿轮的齿向线，进而得到一种全新的螺旋齿锥齿轮的传动，即对数螺旋锥齿轮。从2004年开始，作者带领科研团队针对对数螺旋锥齿轮展开了深入研究，首先论证了对数螺旋线用在螺旋锥齿轮领域的可行性和科学性，在此基础上开展了对数螺旋锥齿轮啮合理论的研究，并且确定了对数螺旋锥齿轮的设计方法，进而进行了齿轮的设计、检测、试验等研究工作。通过近8年的研究，在多个方面取得了阶段性成果。

1. 确定了对数螺旋锥齿轮新型的齿轮传动形式；
2. 建立了对数螺旋锥齿轮的啮合理论体系；
3. 研究确定了对数螺旋锥齿轮的设计方法；
4. 提出了基于机器视觉的对数螺旋锥齿轮检测方法。

上述研究成果能够解决目前锥齿轮传动中由于啮合角非处处相等引起的啮合过程不平稳、效率下降和加工困难等一系列问题，有较强的理论研究和实际应用价值。

本书内容包括5章，第1章介绍的螺旋锥齿轮及微分几何基础，是本书的理论部分，旨在为后续章节的展开打下良好基础；第2章介绍对数螺旋线并提出对数螺旋锥齿轮的概念；第3章叙述了本书的核心技术，圆锥对数螺旋齿轮啮合理论；第4章给出了对数螺旋锥齿轮的设计方法，为对数螺旋锥齿轮的工业应用打下了坚实基础；第5章内容包括对数螺旋锥齿轮的矢量建模和啮合仿真研究。各章节内容的编排基本上遵循科学研究的发展规律。

本书部分内容的研究得到内蒙古自然基金、内蒙古教育厅、包头市科技项目资助，在此向内蒙古自治区自然基金委、内蒙古教育厅、包头市科技局表示衷心感谢。

李强教授负责本书的统稿，并执笔第3章和第5章。闫洪波负责第1章、第2章和第4章的撰写工作。在本书的撰写过程中，作者所指导的研究生王国平、杨高炜、尚珂、居海军、刘奕、何雯、魏子良、武淑琴、孔文等也做出了一定贡献，在此一并表示感谢。

承蒙翁海珊教授担任本书的主审，并提出许多宝贵意见，在此特表示衷心的感谢。

国内关于对数螺旋锥齿轮相关的专著目前还是空白，希望本书的出版对促进对数螺旋锥齿轮的发展有所裨益。本书是这方面的尝试。由于作者水平所限，本书如有错误和疏漏之处，恳请惠于批评指正。

作　者

2012年1月

于内蒙古科技大学

主要物理量符号及单位

符号	物理意义	单位
β	螺旋角、啮合角	(°)
$\boldsymbol{r}$	极径、矢径	
$\boldsymbol{n}$	单位法矢	
i	传动比	
δ	轴交角	(°)
r_0	起始极径	
θ	极角	(°)
τ	圆锥面上锥面角	(°)
φ	圆锥底面上旋转角	(°)
Σ	两节锥轴线夹角	(°)
α	半基锥角	(°)
γ	半节锥角	(°)
$\boldsymbol{i}$，$\boldsymbol{j}$，$\boldsymbol{k}$	单位矢量	
Σ^{I} Σ^{II}	啮合齿面 Ⅰ Ⅱ	
ψ	根切界限函数	
L_i，L_o，L_e	锥距	mm
Z	齿数	
W	刀顶距	mm
m	模数	
K_1，K_2	诱导法曲率	
b	齿宽	mm
x	变位系数	
d	分度圆直径	mm

目　　录

第1章

螺旋锥齿轮及几何基础

齿轮是一种轮缘上有齿且能连续啮合传递运动和动力的机械元件。齿轮传动在很早以前就出现了。19 世纪末，人们掌握了展成切齿法的原理并利用该原理发明了切齿的专用机床与刀具，随着生产的发展，对齿轮运转的平稳性提出了更高的要求。

螺旋锥齿轮传动在航空航天、汽车、船舶、冶金、工程机械等工业领域应用广泛，随着机械装备向大型、重载、高速的方向发展，对齿轮传动的平稳性、承载能力、重合度、使用寿命、可靠性的要求越来越高，迫切需要提高锥齿轮传动的性能和效率，以满足工程领域的需要，在螺旋锥齿轮的啮合理论、设计和生产工艺方面亟待有所突破。

1.1 齿轮概述

据史料记载，早在公元前 400 ~ 200 年的中国古代就已开始使用齿轮，在我国山西出土的青铜齿轮是迄今已发现的最古老的齿轮，作为反映古代科学技术成就的指南车就是以齿轮机构为核心的机械装置。17 世纪末，人们才开始研究，能正确传递运动的轮齿形状。到 18 世纪欧洲工业革命以后，齿轮传动的应用日益广泛，先是发展摆线齿轮，而后是渐开线齿轮，一直到 20 世纪初，渐开线齿轮已在应用中占了优势。

早在 1694 年，法国学者 Philippe De La Hire 首先提出可用渐开线作为齿形曲线；1733 年，法国人 M. Camus 提出轮齿接触点的公法线必须通过中心连线上的节点，一条辅助瞬心线分别沿大轮和小轮的瞬心线（节圆）纯滚动时，与辅助瞬心线固联的辅助齿形在大轮和小轮上所包络形成的两齿廓曲线是彼此共轭的，这就是 Camus 定理。它考虑了两齿面的啮合状态，明确建立了现代关于接触点轨迹的概念。1765 年，瑞士人 L. Euler 提出渐开线齿形解析研究的数学基础，阐明了相啮合的一对齿轮，其齿形曲线的曲率半径和曲率中心位置的关系。其后，Savary 进一步完成这一方法，成为现在的 Eu - let - Savary 方程。对渐开线齿形应用作出贡献的是 Roteft WUlls，他提出了中心距变化时，渐开线齿轮具有角速比不变的优点。1873 年，德国工程师 Hoppe 提出，对不同齿数的齿轮在压力角改变时的渐开线齿形，从而奠定了现代变位齿轮的思想基础。

19 世纪末，展成切齿法的原理及利用此原理切齿的专用机床与刀具的相继出现，使齿轮加工具备较完备的手段后，渐开线齿形更显示出巨大的优越性。切齿时只要将切齿工具从正常的啮合位置稍加移动，就能用标准刀具在机床上切出相应的变位齿轮。1908 年，瑞士人 MAAG 研究了变位方法并制造出展成加工插齿机，后来，英国人 BSS、美国人 AG-

MA 和德国人 DIN 相继对齿轮变位提出了多种计算方法。

为了提高动力传动齿轮的使用寿命并减小其尺寸，除从材料、热处理及结构等方面改进外，圆弧齿形的齿轮获得了发展。1907 年，英国人 Frank Humphris 最早发表了圆弧齿形；1926 年，瑞士人 Eruest Wildhaber 取得法面圆弧齿形斜齿轮的专利权；1955 年，苏联的 M. L. Novikov 完成了圆弧齿形齿轮的实用研究并获得列宁勋章；1970 年，英国 Rolh－Royce 公司工程师 R. M. Studer 取得了双圆弧齿轮的美国专利，这种齿轮现已日益为人们所重视，在生产中发挥了显著效益。

齿轮是能互相啮合的有齿的机械零件，它在机械传动及整个机械领域中的应用极其广泛。现代齿轮技术已达到：齿轮模数 0.004～100mm，齿轮直径 1mm～150m，传递功率可达十万千瓦，每分钟转速可达几十万转，最高的圆周速度达 300m/s。

公元前三百多年，古希腊哲学家亚里士多德在《机械问题》中，就阐述了用青铜或铸铁齿轮传递旋转运动的问题。中国古代发明的指南车中已应用了整套的轮系。不过，古代的齿轮是用木料制造或用金属铸成的，只能传递轴间的回转运动，不能保证传动的平稳性，齿轮的承载能力也很小。

随着生产的发展，齿轮运转的平稳性受到重视。1674 年丹麦天文学家罗默首次提出用外摆线作齿廓曲线，以得到运转平稳的齿轮。

18 世纪工业革命时期，齿轮技术得到高速发展，人们对齿轮进行了大量的研究。1733 年法国数学家 Camus 发表了齿廓啮合基本定律，1765 年瑞士数学家欧拉 Euler 建议采用渐开线作齿廓曲线。

19 世纪出现的滚齿机和插齿机，解决了大量生产高精度齿轮的问题。1900 年，Pfauter 为滚齿机装上差动装置，能在滚齿机上加工出斜齿轮，从此滚齿机滚切齿轮得到普及，展成法加工齿轮占了压倒性优势，渐开线齿轮成为应用最广的齿轮。

1899 年，拉舍最先实施了变位齿轮的方案。变位齿轮不仅能避免轮齿根切，还可以凑配中心距和提高齿轮的承载能力。1923 年美国人 Wilder Hubble 最先提出圆弧齿廓的齿轮，1955 年苏诺维科夫对圆弧齿轮进行了深入的研究，圆弧齿轮遂得以应用于生产。这种齿轮的承载能力和效率都较高，但不及渐开线齿轮那样易于制造，因此还有待进一步改进。

随着齿轮加工、应用以及研究的不断深入，齿轮各部位也有了明确的定义：

（1）轮齿简称齿，是齿轮上每一个用于啮合的凸起部分，这些凸起部分一般呈辐射状排列，配对齿轮上的轮齿互相接触，可使齿轮持续啮合运转；

（2）齿槽是齿轮上两相邻轮齿之间的空间；

（3）端面是圆柱齿轮或圆柱蜗杆上垂直于齿轮或蜗杆轴线的平面；

（4）法面指的是垂直于轮齿齿线的平面；

（5）齿顶圆是指齿顶端所在的圆；

（6）齿根圆是指槽底所在的圆；

（7）基圆是形成渐开线的发生线作纯滚动的圆；

（8）分度圆是在端面内计算齿轮几何尺寸的基准圆。

制造齿轮常用的钢有调质钢、淬火钢、渗碳淬火钢和渗氮钢。铸钢的强度比锻钢稍低，常用于尺寸较大的齿轮。灰铸铁的机械性能较差，可用于轻载的开式齿轮传动中。球墨铸铁可部分地代替钢制造齿轮。塑料齿轮则多用于轻载和要求噪声低的地方，与其配对的齿轮一般用导热性好的钢齿轮。

未来齿轮正向重载、高速、高精度和高效率等方向发展，并力求尺寸小、重量轻、寿命长和经济可靠。

齿轮理论研究及制造工艺的发展将包括：（1）进一步探讨轮齿损伤的机理，这是建立可靠的强度计算的依据，是提高齿轮承载能力、延长齿轮寿命的理论基础；（2）发展以圆弧齿廓为代表的新齿形；（3）研究新型的齿轮材料和制造齿轮的新工艺；（4）研究齿轮的弹性变形、制造和安装误差以及温度场的分布，进行轮齿修形以改善齿轮运转的平稳性，并在满载时增大轮齿的接触面积，从而提高齿轮的承载能力。

摩擦、润滑理论和润滑技术是齿轮研究中的基础性工作，研究弹性流体动压润滑理论，推广采用合成润滑油和在油中适当加入极压添加剂，不仅可提高齿面的承载能力，而且也能提高传动效率。

1.2　齿轮分类

齿轮可按齿形、齿轮外形、齿线形状、轮齿所在的表面和制造方法等分类。

齿轮的齿形包括齿廓曲线、压力角、齿高和变位。渐开线齿轮比较容易制造，因此现代使用的齿轮中，渐开线齿轮占绝对多数，而摆线齿轮和圆弧齿轮应用较少。

在压力角方面，小压力角齿轮的承载能力较小；而大压力角齿轮，虽然有较高的承载能力，但在传递转矩相同的情况下轴承的负荷增大，因此仅用于特殊情况。而齿轮的齿高已标准化，一般均采用标准齿高。变位齿轮的优点较多，已遍及各类机械设备中。

另外，齿轮还可按其外形分为圆柱齿轮、锥齿轮、非圆齿轮、齿条、蜗杆蜗轮；按齿线形状分为直齿轮、斜齿轮、人字齿轮、曲线齿轮；按轮齿所在的表面分为外齿轮、内齿轮；按制造方法可分为铸造齿轮、切制齿轮、轧制齿轮、烧结齿轮等。

齿轮的制造材料和热处理过程对齿轮的承载能力和尺寸重量有很大的影响。20 世纪 50 年代前，齿轮多用碳钢，60 年代改用合金钢，而 70 年代多用表面硬化钢。按硬度，齿面可区分为软齿面和硬齿面两种。

软齿面的齿轮承载能力较低，但制造比较容易，跑合性好，多用于传动尺寸和重量无严格限制以及小生产量的一般机械中。因为配对的齿轮中，小轮负担较重，因此为使大小齿轮工作寿命大致相等，小轮齿面硬度一般要比大轮的高。

硬齿面齿轮的承载能力高，它是在齿轮精切之后，再进行淬火、表面淬火或渗碳淬火处理，以提高硬度。但在热处理中，齿轮不可避免地会产生变形，因此在热处理之后须进行磨削、研磨或精切，以消除因变形产生的误差，提高齿轮的精度。

1.3　螺旋锥齿轮

螺旋锥齿轮又称螺旋伞齿轮，是用于传递两相交轴之间或两交错轴之间动力的主要部件。螺旋锥齿轮是各种齿轮中较为复杂的一种齿轮，螺旋锥齿轮的结构特点是齿面复杂、工艺性强、没有解析解。在设计给定齿轮啮合区要求后，从数学理论上来说，在空间可以有无数对齿面啮合，不具有唯一齿面。

1.3.1　螺旋锥齿轮传动的分类及齿制

目前应用的螺旋锥齿轮可按五种标准进行分类。

（1）按锥式（轴交角和节锥配对形式）分为：

1）两轴线垂直相交，两轴线的交角为 90°。一般的螺旋锥齿轮，都用垂直相交轴线，相交轴线的锥齿轮运转时在齿长方向上没有相对滑动。

2）轴线相交但不垂直的锥齿轮，这种齿轮轴线可以呈任何角度，而垂直相交轴线齿轮只是一种特殊情况。相交不垂直的轴线齿轮一般很少使用。

3）轴线偏置的锥齿轮，这种齿轮相当于把垂直相交的小齿轮轴线向上或向下偏置一段距离，这个距离叫“偏置量”。由于这种齿轮的节面为一双曲线螺旋体表面的一部分，所以习惯上称这种齿轮为准双曲面齿轮。

（2）按高式（齿高的变化）分为渐缩齿锥齿轮和等高齿锥齿轮两种。渐缩齿锥齿轮从齿的大端向小端方向的齿高是逐渐缩小的，面锥的顶点不再与节锥顶点相交，这种齿可以保证沿齿长方向有均等的齿顶间隙，圆弧齿锥齿轮绝大多数都采用渐缩齿；等高齿锥齿轮的大端和小端的齿高是一样的，这种齿轮的面角、根角和节角均相等。

（3）按廓式（齿廓曲线的形式）分为渐开线齿廓和弧线齿廓两种，其中以渐开线齿廓最常用。

（4）按位式（齿形变位的形式）分为非变位、径向变位、切向变位和综合变位四种。

（5）按线式（齿向线的形式）划分为圆弧齿锥齿轮、延伸外摆线齿锥齿轮和准渐开线齿锥齿轮三种。圆弧齿锥齿轮的轮齿是用圆形端铣刀盘断续加工的方法切制的，圆弧齿是指齿轮的齿向线是圆弧的一部分，由于多数为格里森机床加工，故又称格里森齿制。延伸外摆线齿锥齿轮采用连续加工方法，该齿轮的齿向线是延伸外摆线的一部分，由于多为奥利康机床加工，故又称奥利康齿制。

螺旋锥齿轮传动同直齿锥齿轮传动相比有以下优点：

（1）增加了接触比，重叠系数变大，由于螺旋锥齿轮的齿向线是曲线，在传动过程中至少有两个或两个以上的齿同时接触，重叠交替的结果是减轻了冲击，使传动平稳，降低了噪声。

（2）可以实现大的传动比，小齿轮不发生根切的最小齿数可以减到 5 个齿。

（3）可以调整刀盘半径，利用齿线曲率修正接触区。

（4）可以进行齿面的研磨，降低噪声、改善接触区和提高齿面光洁度；螺旋锥齿轮由于螺旋角的存在，在传动过程中易产生轴向力，所以在使用时要选择适当的轴承。

1.3.2　螺旋锥齿轮两种齿制特点分析

螺旋锥齿轮的齿廓形状，在理论上都是球面渐开线（实际生产上由于采用直边刀刃切削，因此是近似球面渐开线）。对于齿向线分别为圆弧形和延伸外摆线这两种齿制的曲线齿锥齿轮来说其主要不同之处在于，由于切削刀刃具有不同的运动轨迹，因而形成了不同的齿向线（节锥齿向线）。格里森机床加工出来的螺旋锥齿轮具有圆弧形的齿向线（图1－1），由此称为圆弧齿锥齿轮；而奥利康机床加工出来的锥齿轮则具有延伸外摆线（图1－2）的齿向线。另外，这两种齿制的齿轮之间在齿高的变化方面也有所区别。格里森齿制的螺旋锥齿轮虽也有加工成等高齿的，但主要用于加工齿高沿齿长方向按比例由大端向小端逐渐收缩的轮齿，即渐缩齿；而奥利康齿制的机床与刀具主要用于加工齿高沿齿长方向不变的曲线轮齿，即等高齿。

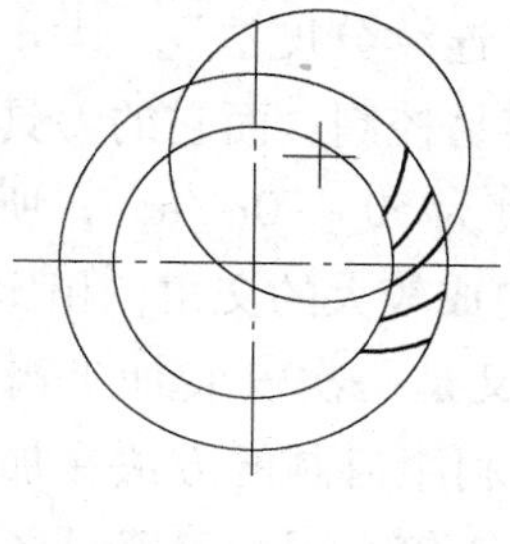

图1－1 圆弧形的齿向线

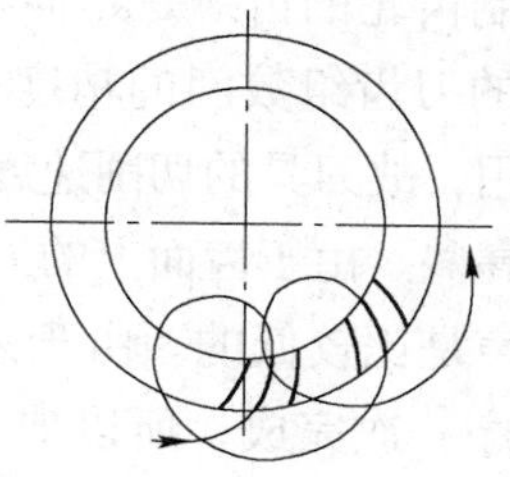

图1－2 延伸外摆线的齿向线

1.3.2.1 齿线和控制接触区方法

格里森齿形制的轮齿纵向曲率半径是一个固定值，轮齿的大端和小端的螺旋角相差较小，为8°～12°，齿深是与锥距成比例收缩，可获得理想齿型。它控制接触区的方法是较完善的，应用历史较长，人们也较为熟悉，可容易获得高质量的“接触区”。由于轮齿是渐缩型，工艺制造计算也是近似的，因此，长期以来，在计算调整、机床、刀具等方面需要进行一系列复杂的修正。正因如此，刀具的通用性受到限制，据统计，要加工全部齿数的齿轮，需要有2000种以上刀盘规格。近年来，由于计算机的应用与发展，格里森齿制应用“TCA”接触分析法，使得在制造中对复杂的计算、调整修正工作，带来了极大的方便，从而简化了计算，减少了调整修正等复杂的工作，再加上闭环加工、检测和修正，大大提高了质量和缩短调整周期。

奥利康齿制的轮齿纵向曲率半径虽然只有约10%～30%的变化量，但轮齿的大端和小端螺旋角的变化值则较格里森齿制大。而它的齿高方向均为等齿高，沿齿长方向的模数与齿厚保持不变，因而，很难获得理想齿型比例。在用铣刀盘铣切齿轮时，易发生“二次切削”现象，限制了它的应用范围。它的接触区控制方法，由于是双面切削加工，控制方法不太灵活，有一定难度，也不太完善。近年来，可用刀倾方法修正齿长方向的“鼓形齿”，也可用修磨刀具的刀齿几何形状改变齿高方向的接触区，它的刀具通用性较高，要切出全部范围齿轮时，只需11种规格刀盘和数十种规格的刀片组即可。

1.3.2.2 加工及应用范围

螺旋锥齿轮的加工及应用广泛性来说，还是格里森齿制更广泛些，特别应该指出的是：格里森齿制方法可以很方便地制造小螺旋角齿轮，因而，可以应用于不同的工业部门中。

1.3.2.3　加工质量和生产效率

格里森齿制的齿线是圆弧线的一部分，其切削的方式则是“断续分度法”，分齿精度主要是由机床“分齿机构”本身精度来保证的，不容易控制。它的铣刀盘转速也是独立的，不影响齿形传动链，其切削速度可以任意选择，它的最高速度为180m/min，所以，加工的齿面粗糙度较低。由于采用“断续分度法”，将有20%或更多的机动时间消耗在空行程内，所以效率较低。通常加工模数为2以上的齿轮，均分粗切、精切两道工序，这样就带来了多次加工齿轮安装，多次调整，增加了加工与辅助时间。

奥利康制齿轮的齿线是延伸外摆线，其切削方式采用“连续分度法”，其分齿精度主要由铣刀盘的刀齿组数间的精度来决定，因而得到保证，容易控制。而它的刀具组数因为具有分齿作用，故刀具的切削速度不能太高，一般情况下速度为50～70m/min，所以，它的齿面粗糙度高些。由于齿面上的刀痕方向同齿轮接触线的方向成较大的交角，相比格里森齿制的齿轮噪声是比较低的。由于采用的是“连续分度法”，又是一次安装加工齿轮，而且粗、精切工序一次完成，所以加工效率是较高的。但是，奥利康齿制的方法在加工大齿轮时，由于摇台转角工作行程必大于齿形展成的路程的3倍或4倍，因而又降低了效率。由于它是粗、精切工序一次切出，限制了刀具的速度和进给速度，同样也降低了效率。

1.3.2.4　刀具及加工机床

格里森齿制齿轮的轮齿切出齿线是圆弧线，其刀具是普通硬体刀盘，后发展为SRS型尖齿结构刀具。硬齿面加工可以用硬质合金刀具刮削加工和断续磨齿加工。它的机床品种繁多，在大批量生产的过程中，可由五台机床及配套设备组成机组，这样导致设备多，投资大，而且生产过程中，其中一台出故障时生产要暂停，这样对于组织生产来说是不方便的。由于它的切齿方式是断续分齿，加工中传动链需反向传动，这样受较大冲击，也不易保持精度。

奥利康齿制切出的齿线是延伸外摆线，其刀具是从古老的铲齿形式TC型发展到EN型，又发展到FN型尖齿刀具，最近又发展为更先进的FS型尖齿刀具。FS型的特点是粗、精刀齿均装在同一刀盘上，分开工作，精切刀具不进行粗切，可保持精度。硬齿面加工可以用硬质合金刀具刮削加工和断续磨齿加工，速度快。它的机床品种少，根据生产纲领要求，最低可以由两台机床及配套设备组成机组，这样，设备台数量少，故投资金额少，较为经济。生产过程中，其中一台出故障时，也可方便地由其他机床代替，这样便于组织生产。由于此机床是连续切削，所以传动链是单向传动，无冲击，容易保持精度。

1.3.3　螺旋锥齿轮啮合与传动原理

螺旋锥齿轮啮合原理又称螺旋锥齿轮共轭曲面原理，主要研究两个运动曲面的接触传动问题，包含其相对微分法和局部共轭理论。它由啮合方程出发，利用相对微分法，以节点为参考点，通过完全共轭的两曲面瞬间啮合点的曲率和挠率关系，计算出参考点处的法矢、曲率和挠率等曲面参数，在此基础上，获得刀具和机床的铣齿和磨齿调整参数。

如图 1-3 所示，在两运动曲面 S_1、S_2 的接触传动中，设在运动曲面 S_1 上建立一个与 S_1 固连的运动坐标 $\Sigma_1(t)$，在曲面 S_2 上建立一个与 S_2 固联的运动坐标 $\Sigma_2(t)$。当曲面 S_1 和 S_2 在空间某点 M 相切，设曲面 S_1 上 M 点的径矢为 $\boldsymbol{r}_1$，单位法矢为 $\boldsymbol{n}_1$；曲面 S_2 上相应点的径矢为 $\boldsymbol{r}_2$，单位法矢为 $\boldsymbol{n}_2$。运动坐标 $\Sigma_2(t)$ 的原点到 $\Sigma_1(t)$ 原点的径矢为 $\boldsymbol{m}$，由图 1-3 可知它们应满足方程组：

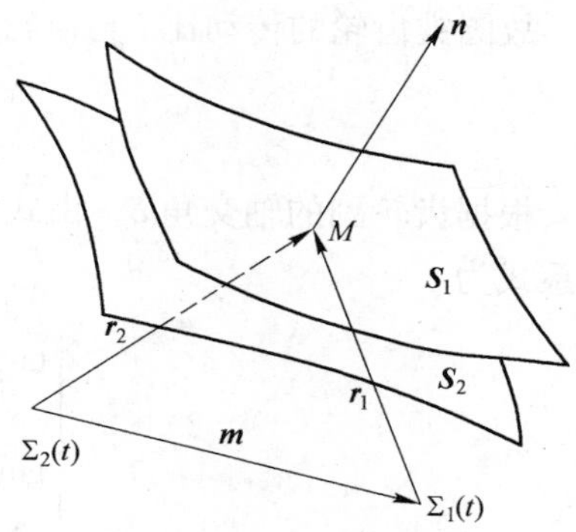

图 1-3 两运动曲面接触传动

$$\begin{cases} \boldsymbol{r}_2 = \boldsymbol{m} + \boldsymbol{r}_1 \\ \boldsymbol{n}_2 = \boldsymbol{n}_1 \end{cases} \tag{1-1}$$

$$\boldsymbol{n} = \boldsymbol{n}_1 = \boldsymbol{n}_2$$

其中，式（1-1）的第一个矢量方程是两齿面在 M 点接触应满足的条件，式（1-1）的第二个矢量方程是两齿面在 M 点相切所应满足的条件。

用 d_1 表示曲面 S_1 关于运动坐标 $\Sigma_1(t)$ 的相对微分，用 d_2 表示曲面 S_2 关于运动坐标 $\Sigma_2(t)$ 的相对微分，用 ω_1 表示曲面 S_1 即运动坐标 $\Sigma_1(t)$ 的角速度，用 ω_2 表示曲面 S_2 即运动坐标 $\Sigma_2(t)$ 的角速度，则用相对微分法去微分上述方程组第一式可得

$$\mathrm{d}_2\,\boldsymbol{r}_2 = \mathrm{d}_1\,\boldsymbol{r}_1 + v_{12}\mathrm{d}t \tag{1-2}$$

其中，两曲面的相对速度

$$\boldsymbol{v}_{12} = \boldsymbol{\omega}_1 \times \boldsymbol{r}_1 - \boldsymbol{\omega}_2 \times \boldsymbol{r}_2 + \boldsymbol{m}' = \boldsymbol{\omega}_{12} \times \boldsymbol{r}_1 - \boldsymbol{\omega}_2 \times \boldsymbol{m} + \boldsymbol{m}' \tag{1-3}$$

将式（1-3）两边与曲面的公法矢 $\boldsymbol{n}$ 作数积，因为 $\mathrm{d}_1\boldsymbol{r}$ 和 $\mathrm{d}_2\boldsymbol{r}$ 于切平面内，总是与 $\boldsymbol{n}$ 垂直，可得

$$\boldsymbol{v}_{12}\boldsymbol{n} = 0 \tag{1-4}$$

式（1-4）的物理意义：两运动曲面在法线方向的分速度必须相等才能保证两曲面的持续啮合，故式（1-4）称为啮合方程。

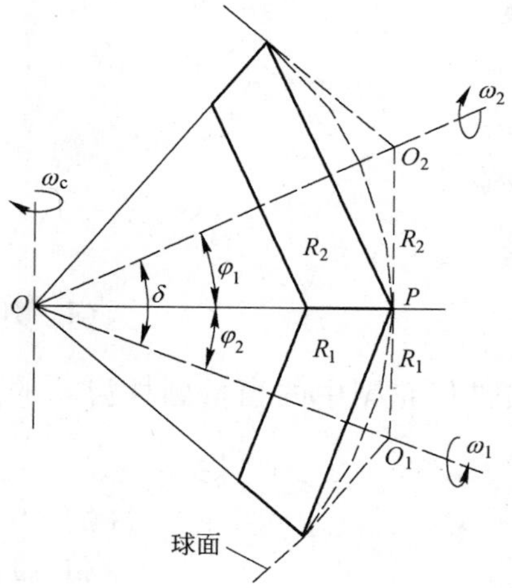

图 1-4 圆锥齿轮啮合节平面

如果两运动曲面在任何时刻都沿着啮合方程所确定的曲线接触，则称它们为线接触共轭曲面（完全共轭曲面）；如果两运动曲面在任何时刻都只能在接触线上的某一点接触，则称它们为点接触共轭曲面（不完全共轭曲面）。无论哪种接触形式，在啮合位置都满足基本方程式（1-1）和啮合方程式（1-4）。

锥齿轮传动原理和圆柱齿轮传动原理一样，共轭齿轮的节圆锥当按一定的传动比作无滑动的滚动时，大小齿轮其公共节锥母线 OP 上任意一点具有相等的圆周速度。

由图 1-4 可知，在 P 点上的圆周速度为

$$\boldsymbol{v} = R_1\,\omega_1 = R_2\,\omega_2$$

故圆锥齿轮的传动比 i 与齿轮副齿数 z_1、z_2，节锥角 φ_1、φ_2 及节圆半径的关系为

$$i=\frac{R_2}{R_1}=\frac{\omega_1}{\omega_2}=\frac{z_2}{z_1}=\frac{\sin\varphi_2}{\sin\varphi_1} \tag{1-5}$$

根据齿轮副的轴交角 δ，由式（1-5）可以推导出大轮和小轮节锥角和传动比之间的关系式为

$$\begin{cases}\tan\varphi_1=\dfrac{\sin\delta}{i+\cos\delta}\\ \tan\varphi_2=\dfrac{\sin\delta}{\dfrac{1}{i}+\cos\delta}\text{或 }\varphi_2=\delta-\varphi_1\end{cases} \tag{1-6}$$

上式中轴交角 δ 为

$$\delta=\varphi_1+\varphi_2$$

当轴交角 $\delta=90°$时，由式（1-6）可以得到小轮和大轮的节锥角为

$$\begin{cases}\tan\varphi_1=\dfrac{z_1}{z_2}\\ \tan\varphi_2=\dfrac{z_2}{z_1}\quad\text{或}\quad\varphi_2=90°-\varphi_1\end{cases} \tag{1-7}$$

锥齿轮正确啮合的渐开线齿形，理论上应以 O 点为球心，以冕轮锥母线 $OP=L_e$ 为半径的球面渐开线齿形。这种立体球面渐开线在制造上较困难，因此目前实际采用通过 P 点而切于半径为 L_e 的圆的平面渐开线来代替，按这种平面渐开线所切出的齿形，也可得到相当高的精度。当模数相同时，节锥角为 $\varphi_1(\varphi_2)$、齿数为 $z_1(z_2)$ 的锥齿轮与当量齿数为 $z_{v_1}(z_{v_2})$ 的圆柱齿轮，在 P 点上的齿形几乎完全一致，其齿数关系式为

$$\begin{cases}z_{v_1}=\dfrac{z_1}{\cos\varphi_1}=\dfrac{z_1\sqrt{1+i^2+2i\cos\delta}}{i+\cos\delta}\\ z_{v_2}=\dfrac{z_2}{\cos\varphi_2}=\dfrac{z_2\sqrt{1+i^2+2i\cos\delta}}{1+i\cos\delta}\end{cases} \tag{1-8}$$

因此，当量圆柱齿轮的传动比为

$$i_v=\frac{z_{v_2}}{z_{v_1}}=\frac{i(i+\cos\delta)}{1+i\cos\delta}=i\frac{\cos\varphi_1}{\cos\varphi_2} \tag{1-9}$$

当轴交角 $\delta=90°$时，则当量圆柱齿轮的传动比为

$$i_{v(\delta=90°)}=\frac{z_{v_2}}{z_{v_1}}=i^2 \tag{1-10}$$

当轴交角 $\delta=90°$时，由式（1-8）可以分别得出锥齿轮副中的当量圆柱齿轮的齿数为

$$\begin{cases}z_{v_1}=\dfrac{z_1\sqrt{i^2+1}}{i}\\ z_{v_2}=z_2\sqrt{i^2+1}\end{cases} \tag{1-11}$$

现假设另有一齿轮齿数为 z_c，角速度为 ω_c，节圆半径为 R_c，并使 $R_c = OP$（见图 1－4），这齿轮的轴心是通过锥齿轮的锥顶 O，并与节锥母线 OP 垂直，那么 P 点的圆周速度为

$$v = R_c\omega_c = r_1\omega_1 = r_2\omega_2$$

因此

$$\frac{R_c}{r_1} = \frac{\omega_1}{\omega_c} = \frac{1}{\sin\varphi_1} = \frac{z_c}{z_1}$$

$$\frac{R_c}{r_2} = \frac{\omega_2}{\omega_c} = \frac{1}{\sin\varphi_2} = \frac{z_c}{z_2}$$

假想齿数 z_c 与锥齿轮副中 z_1、z_2 的关系为

$$z_c = \frac{z_1}{\sin\varphi_1} = \frac{z_2}{\sin\varphi_2} \tag{1-12}$$

式（1－12）对轴交角 $\delta \neq 90°$ 或 $\delta = 90°$ 均适用。

式（1－12）中假想齿数 z_c 通称为冕轮（或冠轮）齿数。当轴交角 $\delta = 90°$ 时，$R_c = \sqrt{r_1^2 + r_2^2}$，根据比例关系得

$$z_c = \sqrt{z_1^2 + z_2^2} \tag{1-13}$$

1.3.4 螺旋锥齿轮的螺旋角

螺旋锥齿轮的螺旋角一般指齿向线的切线与过此点的节锥母线所成的角度。现在应用的螺旋锥齿轮，无论是格里森齿制还是奥利康齿制，由于分别采用圆弧曲线和延伸外摆线作为齿形曲线，所以在其齿线上任一点的螺旋角都不相等，它随着锥母线长度 L_M 的变化而变化。通常所称的螺旋锥齿轮螺旋角都是以齿面中点的螺旋角作为其名义螺旋角。

设齿线任意点 M 的螺旋角为 β_M，齿宽中点 c 的螺旋角为 β_c，由图 1－5 可知：

$$\overline{QK_M^2} + \overline{OK_M^2} = \overline{QK_c^2} + \overline{OK_c^2}$$

$$(r_u\cos\beta_M)^2 + (L_M - r_u\sin\beta_M)^2 = (r_u\cos\beta_c)^2 + (L - r_u\sin\beta_c)^2$$

$$L_M^2 - 2r_uL_M\sin\beta_M + r_u^2 = L^2 - 2r_uL\sin\varphi_c + r_u^2$$

将上式整理后得 β_M 和 β_c 的关系式为

$$\sin\beta_M = \frac{1}{2r_u}\left[L_M + \frac{L(2r_u\sin\beta_c - L)}{L_M}\right] \tag{1-14}$$

式中 β_M ——齿线上任意点螺旋角；

L ——中点节锥母线长度；

β_c ——中点螺旋角；

r_u ——铣刀盘的名义半径。

当欲求齿轮大端和小端螺旋角 β_e 和 β_i 时，则将式（1－14）中 β_M 和 L_M 分别以 β_e、β_i 和 L_e、L_i 代之得：

$$\sin\beta_e = \frac{1}{2r_u}\left[L_e + \frac{L(2r_u\sin\beta_c - L)}{L_e}\right] \tag{1-15}$$

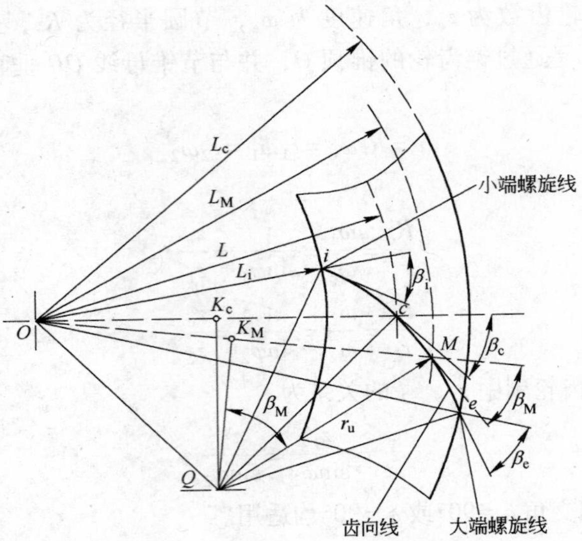

图 1－5　螺旋锥齿轮的螺旋角

$$\sin\beta_i = \frac{1}{2r_u}\left[L_i + \frac{L\ (2r_u\sin\beta_c - L)}{L_i}\right] \tag{1-16}$$

分析式（1－14）、式（1－15）、式（1－16），要实现

$$\beta_M = \beta_e = \beta_i$$

即要使齿线上各点螺旋角处处相等，需要调整包括刀盘和机床的大量参数，并需要对加工过程的精确控制，实际上在加工上很难实现甚至是不可能的。从保证螺旋锥齿轮传动的平稳性、改善齿面接触状态、减小传动的冲击和振动的角度分析，应使齿高线上在任意点啮合时的作用力的变化为最小，这就要求齿向线任意点螺旋角变化最小甚至没有变化。如果能够应用一条各点螺旋角均相等的曲线作为齿轮的齿向线，并且从啮合原理和加工两方面予以实现，则可以从根本上解决上述的问题。

故本书创新性提出将等螺旋角曲线——对数螺旋线应用到螺旋锥齿轮的齿向线上，由于对数螺旋线上螺旋角处处相等，可有效地解决上述问题。

1.4　微分几何基础

1.4.1　矢量函数

1.4.1.1　矢量函数概念

如图 1－6 所示，在空间任取一点 O 和三个右旋的彼此垂直的单位矢量 $\boldsymbol{i}$、$\boldsymbol{j}$、$\boldsymbol{k}$，构成直角坐标系 $Oxyz$。点 O 为坐标原点，$\boldsymbol{i}$、$\boldsymbol{j}$、$\boldsymbol{k}$ 所在的直线 x、y、z 称为坐标轴，$\boldsymbol{i}$、$\boldsymbol{j}$、$\boldsymbol{k}$ 称为基矢量。

设 M 为空间任意一点，其径矢为 $\boldsymbol{r}$，$\boldsymbol{r}$ 在坐标轴上的投影的长度分别为 x、y、z，称 x、

y、z 为矢量 $\boldsymbol{r}$ 在三个坐标轴上的分量。

$$\boldsymbol{r} = x\boldsymbol{i} + y\boldsymbol{j} + z\boldsymbol{k}$$

或
$$\boldsymbol{r} = \{x, y, z\}$$

其模为
$$|\boldsymbol{r}| = \sqrt{x^2 + y^2 + z^2}$$

而 $\frac{x}{|\boldsymbol{r}|} = \cos\alpha$，$\frac{y}{|\boldsymbol{r}|} = \cos\beta$，$\frac{z}{|\boldsymbol{r}|} = \cos\gamma$ 称为 $\boldsymbol{r}$ 的方向余弦。而且

$$\cos^2\alpha + \cos^2\beta + \cos^2\gamma = \frac{x^2 + y^2 + z^2}{|\boldsymbol{r}|^2} = 1$$

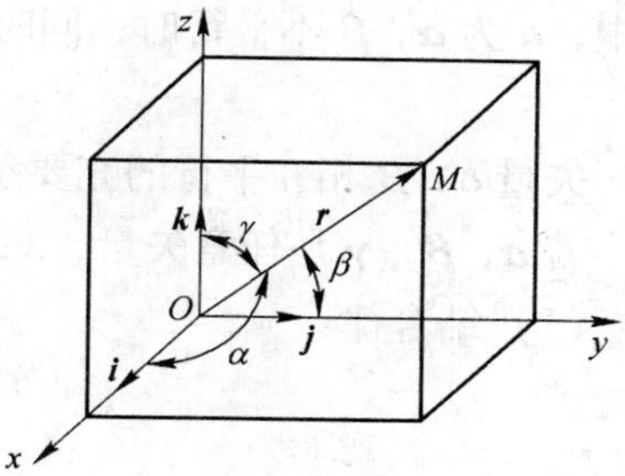

图 1－6　直角坐标系

若对于自变量 t（标量）的每一个数值，都有变矢量 $\boldsymbol{r}$ 的确定量（大小与方向都确定的一个矢量）与之相对应，则变矢量 $\boldsymbol{r}$ 称为自变量 t 的矢量函数，记作

$$\boldsymbol{r} = \boldsymbol{r}(t)$$

矢量函数也可表达为

$$\boldsymbol{r} = x\boldsymbol{i} + y\boldsymbol{j} + z\boldsymbol{k}$$

这里，$x = x(t)$，$y = y(t)$，$z = z(t)$ 为三个标量函数。

若把变矢量表示成点 M 的径矢形式 $\boldsymbol{r} = \boldsymbol{r}(t)$，则当 t 变动时，点 M 在空间描述出一条曲线，称为矢量函数的矢端曲线。

类似于标量函数数学分析，可引入矢量函数的极限、连续、导数、微分、不定积分和定积分等概念。

1.4.1.2　矢量的基本代数运算

现有矢量 $\boldsymbol{\alpha} = a_1\boldsymbol{i}_1 + a_2\boldsymbol{j}_1 + a_3\boldsymbol{k}_1$ 和 $\boldsymbol{\beta} = b_1\boldsymbol{i}_1 + b_2\boldsymbol{j}_1 + b_3\boldsymbol{k}_1$，则

（1）矢量和：矢量加法按照平行四边形（或三角形）法则。

$$\boldsymbol{\alpha} + \boldsymbol{\beta} = (a_1 + b_1)\boldsymbol{i}_1 + (a_2 + b_2)\boldsymbol{j}_1 + (a_3 + b_3)\boldsymbol{k}_1$$

（2）矢量差：矢量减法同样按照平行四边形（或三角形）法则，为加法的逆运算。

$$\boldsymbol{\alpha} - \boldsymbol{\beta} = (a_1 - b_1)\boldsymbol{i}_1 + (a_2 - b_2)\boldsymbol{j}_1 + (a_3 - b_3)\boldsymbol{k}_1$$

（3）标量（或数量）乘矢量：若 $\boldsymbol{\lambda}$ 为标量，则

$$\lambda\boldsymbol{\alpha} = \lambda a_1\boldsymbol{i}_1 + \lambda a_2\boldsymbol{j}_1 + \lambda a_3\boldsymbol{k}_1$$

（4）数积（点乘）：矢量 $\boldsymbol{\alpha}$，$\boldsymbol{\beta}$ 的数积是标量

$$\boldsymbol{\alpha} \cdot \boldsymbol{\beta} = a_1 b_1 + a_2 b_2 + a_3 b_3 = |\boldsymbol{\alpha}||\boldsymbol{\beta}|\cos\theta$$

其中，$\theta \in [0, \pi]$ 是 $\boldsymbol{\alpha}$，$\boldsymbol{\beta}$ 之间的角。

矢量 $\boldsymbol{\alpha}$，矢量 $\boldsymbol{\beta}$ 相互垂直的充要条件是它们的数积等于零。零矢量与任意矢量垂直。

矢量 $\boldsymbol{\alpha}$ 和单位矢量 $\boldsymbol{e}$ 的数积等于 $\boldsymbol{\alpha}$ 在 $\boldsymbol{e}$ 的方向的垂直投影。

（5）矢积（叉乘）：矢量 $\boldsymbol{\alpha}$，$\boldsymbol{\beta}$ 的矢积是矢量

$$\boldsymbol{\alpha} \times \boldsymbol{\beta} = \begin{vmatrix} i_1 & j_1 & k_1 \\ a_1 & a_2 & a_3 \\ b_1 & b_2 & b_3 \end{vmatrix} = |\boldsymbol{\alpha}||\boldsymbol{\beta}|\sin\theta\boldsymbol{n}$$

式中，$\boldsymbol{n}$ 为 $\boldsymbol{\alpha}$，$\boldsymbol{\beta}$ 不平行时，同时垂直于 $\boldsymbol{\alpha}$，$\boldsymbol{\beta}$ 的幺矢，且 $\boldsymbol{\alpha}$，$\boldsymbol{\beta}$，$\boldsymbol{n}$ 按此次序构成右手系。

$$\boldsymbol{\alpha}\times\boldsymbol{\beta}\perp\boldsymbol{\alpha},\quad \boldsymbol{\alpha}\times\boldsymbol{\beta}\perp\boldsymbol{\beta}$$

矢量 $\boldsymbol{\alpha}$，$\boldsymbol{\beta}$ 相互平行的充要条件是它们的矢积等于零。零矢量与任意矢量平行。

若 $\boldsymbol{\alpha}$，$\boldsymbol{\beta}$，$\boldsymbol{\gamma}$ 是任意矢量，λ，μ 是任意标量，则

(1) 结合律：

$$\lambda(\mu\boldsymbol{\alpha})=(\lambda\mu)\boldsymbol{\alpha}$$

$$(\boldsymbol{\alpha}+\boldsymbol{\beta})+\boldsymbol{\gamma}=\boldsymbol{\alpha}+(\boldsymbol{\beta}+\boldsymbol{\gamma})$$

$$(\lambda\boldsymbol{\alpha})\cdot\boldsymbol{\beta}=\lambda(\boldsymbol{\alpha}\cdot\boldsymbol{\beta})$$

$$(\lambda\boldsymbol{\alpha})\times\boldsymbol{\beta}=\lambda(\boldsymbol{\alpha}\times\boldsymbol{\beta})$$

(2) 交换律：

$$\boldsymbol{\alpha}+\boldsymbol{\beta}=\boldsymbol{\beta}+\boldsymbol{\alpha}$$

$$\boldsymbol{\alpha}\cdot\boldsymbol{\beta}=\boldsymbol{\beta}\cdot\boldsymbol{\alpha}$$

必须注意：

$$\boldsymbol{\alpha}\times\boldsymbol{\beta}=-\boldsymbol{\beta}\times\boldsymbol{\alpha}$$

(3) 分配律：

$$(\lambda+\mu)\boldsymbol{\alpha}=\lambda\boldsymbol{\alpha}+\mu\boldsymbol{\alpha}$$

$$\lambda(\boldsymbol{\alpha}+\boldsymbol{\beta})=\lambda\boldsymbol{\alpha}+\lambda\boldsymbol{\beta}$$

$$\boldsymbol{\alpha}\cdot(\boldsymbol{\beta}+\boldsymbol{\gamma})=\boldsymbol{\alpha}\cdot\boldsymbol{\beta}+\boldsymbol{\alpha}\cdot\boldsymbol{\gamma}$$

$$\boldsymbol{\alpha}\times(\boldsymbol{\beta}+\boldsymbol{\gamma})=\boldsymbol{\alpha}\times\boldsymbol{\beta}+\boldsymbol{\alpha}\times\boldsymbol{\gamma}$$

1.4.1.3 混合积、三矢矢积、拉格朗日恒等式

(1) 混合积：给定三个矢量 $\boldsymbol{\alpha}$，$\boldsymbol{\beta}$，$\boldsymbol{\gamma}$，则 $\boldsymbol{\alpha}\times\boldsymbol{\beta}$ 是矢量，$(\boldsymbol{\alpha}\times\boldsymbol{\beta})\cdot\boldsymbol{\gamma}$ 是标量。若 a_i，b_i，c_i 依此是 $\boldsymbol{\alpha}$，$\boldsymbol{\beta}$，$\boldsymbol{\gamma}$ 的分量，则其混合积为

$$(\boldsymbol{\alpha}\times\boldsymbol{\beta})\cdot\boldsymbol{\gamma}=(\boldsymbol{\alpha},\boldsymbol{\beta},\boldsymbol{\gamma})=\begin{vmatrix}a_1 & a_2 & a_3\\ b_1 & b_2 & b_3\\ c_1 & c_2 & c_3\end{vmatrix}$$

根据行列式性质，有

$$(\boldsymbol{\alpha},\boldsymbol{\beta},\boldsymbol{\gamma})=(\boldsymbol{\beta},\boldsymbol{\gamma},\boldsymbol{\alpha})=(\boldsymbol{\gamma},\boldsymbol{\alpha},\boldsymbol{\beta})=-(\boldsymbol{\alpha},\boldsymbol{\gamma},\boldsymbol{\beta})=-(\boldsymbol{\beta},\boldsymbol{\alpha},\boldsymbol{\gamma})=-(\boldsymbol{\gamma},\boldsymbol{\beta},\boldsymbol{\alpha})$$

混合积 $(\boldsymbol{\alpha},\boldsymbol{\beta},\boldsymbol{\gamma})$ 的绝对值表示以 $\boldsymbol{\alpha}$，$\boldsymbol{\beta}$，$\boldsymbol{\gamma}$ 为棱的平行六面体的体积。

三个矢量 $\boldsymbol{\alpha}$，$\boldsymbol{\beta}$，$\boldsymbol{\gamma}$ 共面的充要条件是它们的混合积等于零。

若三个矢量 $\boldsymbol{\alpha}$，$\boldsymbol{\beta}$，$\boldsymbol{\gamma}$ 共面，且 $\boldsymbol{\alpha}$，$\boldsymbol{\beta}$ 不平行，则 $\boldsymbol{\gamma}$ 是 $\boldsymbol{\alpha}$，$\boldsymbol{\beta}$ 的线性组合：

$$\boldsymbol{\gamma}=\lambda\boldsymbol{\alpha}+\mu\boldsymbol{\beta}$$

(2) 三矢矢积：若 $\boldsymbol{\alpha}$，$\boldsymbol{\beta}$，$\boldsymbol{\gamma}$ 是矢量，则三矢矢积为

$$(\boldsymbol{\alpha}\times\boldsymbol{\beta})\times\boldsymbol{\gamma}=(\boldsymbol{\alpha}\cdot\boldsymbol{\gamma})\boldsymbol{\beta}-(\boldsymbol{\beta}\cdot\boldsymbol{\gamma})\boldsymbol{\alpha}$$

(3) 拉格朗日（Lagrange）恒等式：

$$(\boldsymbol{\alpha}\times\boldsymbol{\beta})\cdot(\boldsymbol{\gamma}\times\boldsymbol{\delta})=(\boldsymbol{\alpha}\cdot\boldsymbol{\gamma})(\boldsymbol{\beta}\cdot\boldsymbol{\delta})-(\boldsymbol{\alpha}\cdot\boldsymbol{\delta})(\boldsymbol{\beta}\cdot\boldsymbol{\gamma})$$

特殊地

$$(\boldsymbol{\alpha}\times\boldsymbol{\beta})^2=\boldsymbol{\alpha}^2\boldsymbol{\beta}^2-(\boldsymbol{\alpha}\cdot\boldsymbol{\beta})^2$$

可以证明：只有零矢量同时垂直于三个不共面的矢量。

1.4.1.4 对于空间的点、直线和平面的简单应用

不妨在标架 $\sigma=[O;\ \boldsymbol{e}_1,\ \boldsymbol{e}_2,\ \boldsymbol{e}_3]$ 中来考察空间的点、直线和平面。

显然，空间的任意一点 P 可用其径矢 $\boldsymbol{r}=\overrightarrow{OP}$ 来表示。

（1）令空间任意一直线经过某固定点 $\boldsymbol{r}_0$，它与一单位矢量 $\boldsymbol{v}$ 平行，$\boldsymbol{r}$ 为直线上任意点，则该直线可表示为

$$\boldsymbol{r}=\boldsymbol{r}_0+t\,\boldsymbol{v}$$

式中，t 是标量。

以上方程称为直线的矢方程，其中 t 是参数，因此也叫做参数矢方程。

（2）令空间任意一平面经过某固定点 $\boldsymbol{r}_0$，它与一单位矢量 $\boldsymbol{n}$ 垂直，$\boldsymbol{r}$ 为平面上任意点，则该平面的矢方程为

$$\boldsymbol{n}\cdot(\boldsymbol{r}-\boldsymbol{r}_0)=0$$

注意：通常平面具有方向性，与 $\boldsymbol{n}$ 同向的一侧称为正侧。

另外，两点确定一条直线，三个不共线的点、两条相交直线、两条平行直线也可以确定一个平面。

（3）过点 $\boldsymbol{r}_1$，作直线 $\boldsymbol{r}=\boldsymbol{r}_0+t\boldsymbol{v}$ 的垂线，其垂足

$$\boldsymbol{r}_1'=\boldsymbol{r}_0+[(\boldsymbol{r}_1-\boldsymbol{r}_0)\cdot\boldsymbol{v}]\boldsymbol{v}$$

点到直线的距离

$$d=|\boldsymbol{r}_1-\boldsymbol{r}_1'|$$

（4）点 $\boldsymbol{r}_1$ 到平面 $\boldsymbol{n}\cdot(\boldsymbol{r}-\boldsymbol{r}_0)=0$ 的距离

$$d=|\boldsymbol{n}\cdot(\boldsymbol{r}_1-\boldsymbol{r}_0)|$$

点到平面的垂足

$$\boldsymbol{r}_1'=\boldsymbol{r}_1-[(\boldsymbol{r}_1-\boldsymbol{r}_0)\cdot\boldsymbol{n}]\boldsymbol{n}$$

（5）两相错直线 $\boldsymbol{r}_1=\boldsymbol{r}_{10}+t_1\boldsymbol{\alpha}_1$ 与 $\boldsymbol{r}_2=\boldsymbol{r}_{20}+t_2\boldsymbol{\alpha}_2$ 的公垂线单位矢量

$$\boldsymbol{n}=\frac{\boldsymbol{\alpha}_1\times\boldsymbol{\alpha}_2}{|\boldsymbol{\alpha}_1\times\boldsymbol{\alpha}_2|}$$

它们间的最短距离

$$d=\frac{|(\boldsymbol{r}_{20}-\boldsymbol{r}_{10},\ \boldsymbol{\alpha}_1,\ \boldsymbol{\alpha}_2)|}{|\boldsymbol{\alpha}_1\times\boldsymbol{\alpha}_2|}$$

1.4.2 曲线论

1.4.2.1 曲线与矢函数

一般地说，若一个矢量 $\boldsymbol{r}$ 决定于一个变量 t（标量），就把它叫做变量 t 的矢函数，写成 $\boldsymbol{r}(t)$。

在标架 $\sigma=[O;\ \boldsymbol{e}_1,\ \boldsymbol{e}_2,\ \boldsymbol{e}_3]$ 中，曲线的（分量式）参数矢方程为：

$$\boldsymbol{r}=\boldsymbol{r}(t)=x_1(t)\boldsymbol{e}_1+x_2(t)\boldsymbol{e}_2+x_3(t)\boldsymbol{e}_3$$

1.4.2.2　矢函数的导矢与曲线的切线

某矢函数在某点连续的充要条件是其各分量在该点都连续。

若矢函数

$$\boldsymbol{r}(t)=x_1(t)\boldsymbol{e}_1+x_2(t)\boldsymbol{e}_2+x_3(t)\boldsymbol{e}_3$$

在 t_0连续，则其导矢为

$$\boldsymbol{r}'(t_0)=\frac{\mathrm{d}}{\mathrm{d}t}\boldsymbol{r}(t)\bigg|_{t_0}=x_1'(t_0)\boldsymbol{e}_1+x_2'(t_0)\boldsymbol{e}_2+x_3'(t_0)\boldsymbol{e}_3$$

导矢函数

$$\boldsymbol{r}(t)=x_1'(t)\boldsymbol{e}_1+x_2'(t)\boldsymbol{e}_2+x_3'(t)\boldsymbol{e}_3$$

有时也简称为导矢。

设：

Γ:
$$\boldsymbol{r}=\boldsymbol{r}(t),\ t_1\leqslant t\leqslant t_2$$

为任意空间曲线。若矢函数在闭节［t_1，t_2］里每一个 t 值连续，则曲线 Γ 成为连续曲线。

导矢的几何意义：$\boldsymbol{r}'(t_0)\neq 0$ 保证曲线 Γ 在 t_0值对应点的切线存在，而且 $\boldsymbol{r}'(t_0)$ 代表这条切线的方向，$\boldsymbol{r}'(t_0)$ 就叫做 Γ 在该点的一个切（线）矢（量）。

若在闭节［t_1，t_2］里，$\boldsymbol{r}'(t)\neq 0$ 而且连续，则 Γ 的切线随着切点的移动而连续变动位置，这样的曲线叫做光滑曲线。

1.4.2.3　切线与法面的弧长

除非另有声明，我们永远假定，对于曲线

Γ:
$$\boldsymbol{r}=\boldsymbol{r}(t),\ t_1\leqslant t\leqslant t_2$$

$\boldsymbol{r}'(t)\neq 0$（即保证 Γ 上没有奇点），而且遇到的矢函数 $\boldsymbol{r}(t)$ 的各阶导矢都是连续的。

Γ 在$\boldsymbol{r}_0=\boldsymbol{r}(t_0)$ 点的切线方程为：

$$\boldsymbol{\rho}=\boldsymbol{r}(t_0)+\lambda\boldsymbol{r}'(t_0)$$

式中，$\boldsymbol{\rho}$ 表示切线上“流动点”的径矢；λ是参数。

经过$\boldsymbol{r}_0$ 而垂直于切线的平面叫做 Γ 在$\boldsymbol{r}_0$ 的法面，其方程为：

$$\boldsymbol{r}'(t_0)(\boldsymbol{\rho}-\boldsymbol{r}'(t_0))=0$$

式中，$\boldsymbol{\rho}$ 表示法面上流动点的径矢。

经过$\boldsymbol{r}_0$ 而垂直于切线的每一条直线都叫做 Γ 在$\boldsymbol{r}_0$ 的法线，它们都在法面内。经过切线的每一个平面都叫做 Γ 在$\boldsymbol{r}_0$ 的切面。

曲线的参数是可以改变的，对于任意曲线，一个自然的参数是它的弧长。在 Γ 上取任意固定点 P_0作为度量弧长的始点（相当于原点）并规定一个弧长增加的正向，则对于曲线上任意点 P，弧长$\widehat{PP_0}=s$ 有一个代数值。设 P_1 为 Γ 上另一个任意的固定点，则

$$\lim_{P\to P_1}\left|\frac{\overline{P_1P}}{\widehat{P_1P}}\right|=1$$

也可以写成

$$\lim_{P\to P_1}\frac{|\Delta \boldsymbol{r}|}{|\Delta s|}=1$$

或者

$$\lim_{P\to P_1}\frac{(\Delta \boldsymbol{r})^2}{(\Delta s)^2}=1，即\frac{\mathrm{d}\boldsymbol{r}^2}{\mathrm{d}s^2}=1$$

若在度量弧长始点 P_0，参数 $t=t_0$，则

$$s=\int_{t_0}^{t}|\boldsymbol{r}'(t)|\mathrm{d}t$$

或即

$$s=\int_{t_0}^{t}\sqrt{x_1'^2+x_2'^2+x_3'^2}\,\mathrm{d}t$$

这就是弧长 s 和 t 参数的关系。

引进弧长作为参数，$\frac{\mathrm{d}\boldsymbol{r}}{\mathrm{d}s}$是幺矢。用上加点“·”表示对于弧长的微导，并用 $\boldsymbol{\alpha}$ 表示幺矢$\frac{\mathrm{d}\boldsymbol{r}}{\mathrm{d}s}$：

$$\boldsymbol{\alpha}=\dot{\boldsymbol{r}}=\frac{\mathrm{d}\boldsymbol{r}}{\mathrm{d}s}$$

于是 $\boldsymbol{\alpha}$ 是沿 Γ 切线上的一个幺矢，称为 Γ 的幺切矢。

1.4.2.4 曲率

曲线 Γ 在它上面的一点 P 处的曲率是表示它在 P 点邻近的弯曲程度的一个几何量。

设 P_0为 Γ 上任意固定点，P 为 Γ 上在 P_0邻近的一点，它们依次对应于弧长参数值 s_0 和 $s_0+\Delta s$，设 Γ 在 P_0，P 的切线之间的角是 $\Delta\theta$（$\Delta\theta\geqslant 0$），我们规定曲线 Γ 在 P_0的曲率为

$$\kappa=\lim_{P\to P_0}\frac{\Delta\theta}{|\Delta s|}=\lim_{\Delta s\to 0}\frac{\Delta\theta}{|\Delta s|}=\lim_{\Delta s\to 0}\left|\frac{\Delta\boldsymbol{\alpha}}{\Delta s}\right|=\left|\frac{\mathrm{d}\boldsymbol{\alpha}}{\mathrm{d}s}\right|=|\dot{\boldsymbol{\alpha}}|=|\ddot{\boldsymbol{r}}|$$

对于平面曲线

$$\boldsymbol{\kappa}_r=\frac{x_1'x_2''-x_1''x_2'}{(x_1'^2+x_2'^2)^{3/2}}=\frac{\mathrm{d}^2x_2}{\mathrm{d}x_1^2}\Big/\left[1+\left(\frac{\mathrm{d}x_2}{\mathrm{d}x_1}\right)^2\right]^{3/2}$$

1.4.2.5 挠率

由于切矢 $\boldsymbol{\alpha}$ 是幺矢，对于弧长 s 微导，就得

$$\boldsymbol{\alpha}\dot{\boldsymbol{\alpha}}=0\Rightarrow\boldsymbol{\alpha}\perp\dot{\boldsymbol{\alpha}}$$

若在切点 P_0，曲率 $\kappa\neq 0$，$\dot{\boldsymbol{\alpha}}$ 就沿一条法线的方向，这条法线叫做 Γ 在 P_0的主法线，而与同向的幺矢

$$\boldsymbol{\beta}=\frac{\dot{\boldsymbol{\alpha}}}{|\dot{\boldsymbol{\alpha}}|}=\frac{\dot{\boldsymbol{\alpha}}}{\kappa}$$

就叫做 Γ 在 P_0的主法矢。曲线上曲率 $\kappa=0$ 的点一般是孤立点，叫做曲线上的逗留点。

在曲线 Γ 上一个非逗留点 P_0，切矢 $\boldsymbol{\alpha}$ 和主法矢 $\boldsymbol{\beta}$ 是两各互相垂直的幺矢，令

$$\boldsymbol{\gamma}=\boldsymbol{\alpha}\times\boldsymbol{\beta}$$

就得到第三个幺矢，它也垂直于 $\boldsymbol{\alpha}$，叫做 Γ 在 P_0 的副法矢，经过 P_0 沿 $\boldsymbol{\gamma}$ 方向的直线就叫做 Γ 在 P_0 的副法线。当切矢 $\boldsymbol{\alpha}$ 的正向颠倒时，副法矢 $\boldsymbol{\gamma}$ 的正向也颠倒，而主法矢 $\boldsymbol{\beta}$ 的正向始终不变。在曲线 Γ 上每一个非逗留点 P_0，都有三个右旋的、彼此垂直的幺矢 $\boldsymbol{\alpha}$，$\boldsymbol{\beta}$，$\boldsymbol{\gamma}$，叫做 Γ 在 P_0 的基本矢。切线、主法线、副法线构成一个三棱形，叫做基本三棱形，它们决定三个彼此垂直的平面：和切线垂直的是法面，和主法线垂直的是从切面，和副法线垂直的是密切面。对于非平面曲线（也叫挠曲线），曲线在一点的密切面是经过该点和曲线"最贴近"的平面。

$\boldsymbol{\alpha}$，$\boldsymbol{\beta}$，$\boldsymbol{\gamma}$ 是彼此垂直的幺矢，任意矢量 $\boldsymbol{R}$ 都可以写成它们的线性组合：

$$\boldsymbol{R}=(\boldsymbol{R\alpha})\boldsymbol{\alpha}+(\boldsymbol{R\beta})\boldsymbol{\beta}+(\boldsymbol{R\gamma})\boldsymbol{\gamma}$$

将 $\dot{\boldsymbol{\alpha}}$，$\dot{\boldsymbol{\beta}}$，$\dot{\boldsymbol{\gamma}}$ 写成它们的线性组合：

$$\begin{cases}\dot{\boldsymbol{\alpha}}=(\dot{\boldsymbol{\alpha}}\boldsymbol{\alpha})\boldsymbol{\alpha}+(\dot{\boldsymbol{\alpha}}\boldsymbol{\beta})\boldsymbol{\beta}+(\dot{\boldsymbol{\alpha}}\boldsymbol{\gamma})\boldsymbol{\gamma}\\ \dot{\boldsymbol{\beta}}=(\dot{\boldsymbol{\beta}}\boldsymbol{\alpha})\boldsymbol{\alpha}+(\dot{\boldsymbol{\beta}}\boldsymbol{\beta})\boldsymbol{\beta}+(\dot{\boldsymbol{\beta}}\boldsymbol{\gamma})\boldsymbol{\gamma}\\ \dot{\boldsymbol{\gamma}}=(\dot{\boldsymbol{\gamma}}\boldsymbol{\alpha})\boldsymbol{\alpha}+(\dot{\boldsymbol{\gamma}}\boldsymbol{\beta})\boldsymbol{\beta}+(\dot{\boldsymbol{\gamma}}\boldsymbol{\gamma})\boldsymbol{\gamma}\end{cases}$$

由于

$$\boldsymbol{\alpha}^2=\boldsymbol{\beta}^2=\boldsymbol{\gamma}^2=1$$
$$\boldsymbol{\beta\gamma}=\boldsymbol{\gamma\alpha}=\boldsymbol{\alpha\beta}=0$$

微导，就得

$$\begin{cases}\dot{\boldsymbol{\alpha}}\boldsymbol{\alpha}=\dot{\boldsymbol{\beta}}\boldsymbol{\beta}=\dot{\boldsymbol{\gamma}}\boldsymbol{\gamma}=0\\ \dot{\boldsymbol{\beta}}\boldsymbol{\gamma}+\dot{\boldsymbol{\gamma}}\boldsymbol{\beta}=\dot{\boldsymbol{\gamma}}\boldsymbol{\alpha}+\dot{\boldsymbol{\alpha}}\boldsymbol{\gamma}=\dot{\boldsymbol{\alpha}}\boldsymbol{\beta}+\dot{\boldsymbol{\beta}}\boldsymbol{\alpha}=0\end{cases}$$

若引进符号：

$$\boldsymbol{\tau}=-\dot{\boldsymbol{\gamma}}\boldsymbol{\beta}=\dot{\boldsymbol{\beta}}\boldsymbol{\gamma}$$

则

$$\begin{cases}\dot{\boldsymbol{\alpha}}=\kappa\boldsymbol{\beta}\\ \dot{\boldsymbol{\beta}}=-\kappa\boldsymbol{\alpha}+\tau\boldsymbol{\gamma}\\ \dot{\boldsymbol{\gamma}}=-\tau\boldsymbol{\beta}\end{cases}$$

即为曲线论的基本公式（Frente 公式）。

曲线 Γ 在 P_0 的挠率是衡量它在该点邻近偏离平面曲线（或密切面）的程度。

$$|\tau|=|\dot{\boldsymbol{\gamma}}|$$

挠率的几何意义：若 P_0 为 Γ 上任意固定点，P 为 Γ 上在 P_0 邻近的一点，它们依次对应于弧长参数值 s_0 和 $s_0+\Delta s$，$\Delta\theta$（$\Delta\theta\geqslant 0$）是 Γ 在 P_0，P 的副法线之间的角，则曲线 Γ 在 P_0 的挠率为

$$|\tau|=\lim_{P\to P_0}\frac{\Delta\theta}{|\Delta s|}=|\dot{\boldsymbol{\gamma}}|$$

$$\tau=(\boldsymbol{\alpha},\boldsymbol{\beta},\dot{\boldsymbol{\beta}})=\frac{1}{\kappa^2}(\dot{\boldsymbol{r}},\ddot{\boldsymbol{r}},\dddot{\boldsymbol{r}})=\frac{(\boldsymbol{r}',\boldsymbol{r}'',\boldsymbol{r}''')}{(\boldsymbol{r}'\times\boldsymbol{r}'')^2}$$

曲线的曲率和挠率对于刚体变换都是不变量，这两个不变量一起，完全确定曲线的大小形状，仅仅不能确定曲线的位置，曲线的一切性质（包括它的一切不变量）都被这两个不变量完全决定，它们就叫做曲线的基本不变量。

1.4.3 曲面论

1.4.3.1 曲面的方程

为了便于考察一个曲面的性质，我们一般用含两个独立参数的矢方程来表示曲面。

一般地，设 $\boldsymbol{r}(u, v)$ 在一定范围内是独立参数 u，v 的单值矢函数。把 $\boldsymbol{r}(u, v)$ 看作一个坐标系里一点 P 的径矢，则当 u，v 在这个范围内变动时，P 的轨迹就是一个曲面 Σ，它的参数矢方程可以写作

Σ：
$$\boldsymbol{r}=\boldsymbol{r}(u,v),\ (u,v)\in R$$

在这里，$(u, v)\in R$ 表示参数 u，v 所受的限制：若把 u，v 当作平面上直角坐标系里一点的坐标，则以 (u, v) 为坐标的点在平面上某一个区域 R 里变动是，P 的轨迹就是一个曲面 Σ。我们将总假定，矢函数 $\boldsymbol{r}(u, v)$ 是连续的，它的一阶偏导矢 $\boldsymbol{r}_u$，$\boldsymbol{r}_v$ 和二阶偏导矢 $\boldsymbol{r}_{uu}$，$\boldsymbol{r}_{uv}$，$\boldsymbol{r}_{vv}$，以及要用到的更高阶偏导矢也是连续的。若令 $v=v_0$（常数），就得到 Σ 上一条曲线 $\boldsymbol{r}=\boldsymbol{r}(u, v_0)$，其中只有参数 u 是变数，它叫做 Σ 上的一条 u 线。同样，若令 $u=u_0$（常数），就得到 Σ 上一条曲线 $\boldsymbol{r}=\boldsymbol{r}(u_0, v)$，叫做一条 v 线。经过 Σ 上每一点 $\boldsymbol{r}_0=\boldsymbol{r}(u_0, v_0)$，一般地有一条 u 线和一条 v 线，它们都叫做 Σ 上的参数曲线。

显然，一个曲面的参数矢方程是多种多样的。

常见曲面有回转曲面、切线曲面、螺旋面、齿轮产形曲面的包络面等。

1.4.3.2 切面和法线

设已给曲面

Σ：
$$\boldsymbol{r}=\boldsymbol{r}(u, v)$$

设 $P_0(u_0, v_0)$ 为 Σ 上任意点，经过 P_0 的 u 线和 v 线在 P_0 的切线方向可以分别用 $\boldsymbol{r}_u(u_0, v_0)$ 和 $\boldsymbol{r}_v(u_0, v_0)$ 表示。我们总假定，在 Σ 上各点，两条参数曲线不相切，即

$$\boldsymbol{r}_u\times\boldsymbol{r}_v\neq 0$$

现在考虑 Σ 上经过 $P_0(u_0, v_0)$ 点的不同曲线的切线方向，设

Γ：
$$u=u(t),\ v=v(t)\quad [\text{其中}: u_0=u(t_0),\ v_0=v(t_0)]$$

是 Σ 上经过 $P_0(u_0, v_0)$ 点的任意曲线，其参数矢方程为：

$$\boldsymbol{r}=\boldsymbol{r}(u(t),v(t))$$

曲线 Γ 在 P_0 的切线上的一个矢量是

$$\left(\frac{\mathrm{d}\boldsymbol{r}}{\mathrm{d}t}\right)_{t_0}=\boldsymbol{r}_u(u_0, v_0)\left(\frac{\mathrm{d}u}{\mathrm{d}t}\right)_{t_0}+\boldsymbol{r}_v(u_0, v_0)\left(\frac{\mathrm{d}v}{\mathrm{d}t}\right)_{t_0}$$

由于矢量 $\boldsymbol{r}_u(u_0, v_0)$ 和 $\boldsymbol{r}_v(u_0, v_0)$ 不平行，它们和 P_0 一起决定经过 P_0 的一个平面 π。Σ 上经过 P_0 的一切曲线在 π 上，平面 π 就叫做曲面 Σ 在 P_0 的切（平）面，切面的法线就叫做曲面 Σ 在 P_0 的法矢，它上面的任意非零矢叫做法矢，其中幺法矢为

$$\boldsymbol{n}(u_0, v_0)=\frac{\boldsymbol{r}_u(u_0, v_0)\times\boldsymbol{r}_v(u_0, v_0)}{|\boldsymbol{r}_u(u_0, v_0)\times\boldsymbol{r}_v(u_0, v_0)|}$$

在切面 π 上，经过 P_0 的每一条直线都和 Σ 上的一些曲线相切，它们就都叫做 Σ 在 P_0

的一条切线，而沿这些切线方向的矢量就都叫做Σ的切矢。

$$\frac{\mathrm{d}\boldsymbol{r}}{\mathrm{d}t}=\left(\boldsymbol{r}_u+\boldsymbol{r}_v\frac{\mathrm{d}v}{\mathrm{d}u}\right)\frac{\mathrm{d}u}{\mathrm{d}t}$$

P_0固定后，切矢的方向决定于$\frac{\mathrm{d}u}{\mathrm{d}v}$，变动 $\mathrm{d}u:\mathrm{d}v$ 就得到所有方向的切矢。

1.4.3.3 第一基本齐式

在曲面

Σ:
$$\boldsymbol{r}=\boldsymbol{r}(u,v)$$

上，取曲线

Γ:
$$u=u(t),v=v(t)$$

即

$$\boldsymbol{r}=\boldsymbol{r}(u(t),v(t))$$

并假定Γ上没有奇点，而且已经选择好参数t，使$u'(t)$，$v'(t)$不同时等于零。这样，Γ在任意点有切矢

$$\frac{\mathrm{d}\boldsymbol{r}}{\mathrm{d}t}=\boldsymbol{r}_u\frac{\mathrm{d}u}{\mathrm{d}t}+\boldsymbol{r}_v\frac{\mathrm{d}v}{\mathrm{d}t}$$

$$\mathrm{d}\boldsymbol{r}=\boldsymbol{r}_u\mathrm{d}u+\boldsymbol{r}_v\mathrm{d}v$$

则

$$\mathrm{d}s^2=\mathrm{d}\boldsymbol{r}^2=\boldsymbol{r}_u^2\mathrm{d}u^2+2\boldsymbol{r}_u\boldsymbol{r}_v\mathrm{d}u\mathrm{d}v+\boldsymbol{r}_v^2\mathrm{d}v^2$$

式中，s是Γ的弧长参数。令

$$E=\boldsymbol{r}_u^2,\ F=\boldsymbol{r}_u\boldsymbol{r}_v,\ G=\boldsymbol{r}_v^2$$

则E，F，G是标量函数，它们是Σ上的点$\boldsymbol{r}(u,v)$的函数。

$$\mathrm{d}s^2=\mathrm{d}\boldsymbol{r}^2=E\mathrm{d}u^2+2F\mathrm{d}u\mathrm{d}v+G\mathrm{d}v^2$$

右边是$\mathrm{d}u$，$\mathrm{d}v$的一个二次齐次式（齐次多项式），叫做曲面的第一基本齐式，它的系数E，F，G叫做Σ的第一类基本量。第一基本齐式的判别式

$$EG-F=\boldsymbol{r}_u^2\boldsymbol{r}_v^2-(\boldsymbol{r}_u\boldsymbol{r}_v)^2$$

根据拉格朗日恒等式,令:

$$D=\sqrt{EG-F^2}=|\boldsymbol{r}_u\times\boldsymbol{r}_v|$$

则Σ的幺法矢可以写成:

$$\boldsymbol{n}=\frac{\boldsymbol{r}_u\times\boldsymbol{r}_v}{D}$$

设Γ和Γ^*是Σ上经过同一点$\boldsymbol{r}(u,v)$的两条曲线,沿它们方向的微分依次用d和δ表示,则它们在$\boldsymbol{r}(u,v)$点的幺切矢依次是

$$\boldsymbol{\alpha}=\frac{\mathrm{d}\boldsymbol{r}}{\mathrm{d}s}=\boldsymbol{r}_u\frac{\mathrm{d}u}{\mathrm{d}s}+\boldsymbol{r}_v\frac{\mathrm{d}v}{\mathrm{d}s}$$

$$\boldsymbol{\alpha}^*=\frac{\delta\boldsymbol{r}}{\delta s}=\boldsymbol{r}_u\frac{\delta u}{\delta s}+\boldsymbol{r}_v\frac{\delta v}{\delta s}$$

法矢 $\boldsymbol{n}$ 决定了 Σ 在 $\boldsymbol{r}$ 点的切面的正侧，切面成了有向平面，设 φ 为从 $\boldsymbol{\alpha}$ 到 $\boldsymbol{\alpha}^*$ 的有向角，则

$$\sin\varphi = (\boldsymbol{\alpha},\boldsymbol{\alpha}^*,\boldsymbol{n}) = D\left(\frac{\mathrm{d}u\delta u}{\mathrm{d}s\,\delta s} - \frac{\mathrm{d}v\delta u}{\mathrm{d}s\,\delta s}\right)$$

利用数积公式，$\boldsymbol{\alpha}$，$\boldsymbol{\alpha}^*$ 互相垂直的条件是

$$E\mathrm{d}u\delta u + F(\mathrm{d}u\delta v + \mathrm{d}v\delta u) + G\mathrm{d}v\delta v = 0$$

显然，参数曲线正交的充要条件是：$F=0$。

计算曲面上曲线弧长的公式：

$$\int_{t_1}^{t_2}\frac{\mathrm{d}s}{\mathrm{d}t}\mathrm{d}t = \int_{t_1}^{t_2}\sqrt{E\left(\frac{\mathrm{d}u}{\mathrm{d}t}\right)^2 + 2F\frac{\mathrm{d}u}{\mathrm{d}t}\frac{\mathrm{d}v}{\mathrm{d}t} + G\left(\frac{\mathrm{d}v}{\mathrm{d}t}\right)^2}\mathrm{d}t$$

其中，t_1，t_2表示曲线两端的参数值。

计算曲面片的面积公式：

$$S = \iint_R D\mathrm{d}u\mathrm{d}v = \iint_R \sqrt{EG - F^2}\mathrm{d}u\mathrm{d}v$$

式中，R 表示参数 u，v 所受到的限制，一般是（u，v）平面的一定区域。

已知曲面的第一基本齐式（或第一类基本量）后，无需知道曲面的具体形状，就可以计算曲面上相交曲线的夹角、曲线弧长以及曲面上一定区域的面积。由此可见，经过适当的参数选择后，具有相同的第一基本齐式的一切曲面，尽管它们的形状可以有很大的差异，都有许多共同的性质，这类性质叫做曲面的内在性质。如果两个曲面的点之间可以建立一一对应关系，使对应曲线的弧长相等，则经过参数的适当选择，两个曲面就可以具有相同的第一基本齐式，这样的曲面叫做等距等价曲面。若一个曲面经过弯曲而不改变它上面所有曲线的弧长，可以贴合到另一个曲面上，这两个曲面就等距等价，因而有共同的内在性质。特殊地，一切可展曲面可以（至少局部地）贴合在平面上，因而一切可展曲面（至少在局部）和平面有共同的内在性质。

1.4.3.4　第二基本齐式之法曲率

法曲率是曲面理论的一个核心概念。

设：

Γ:　　$u = u(s)$，$v = v(s)$

为曲面上任意曲线，s 为弧长。对于 Γ，沿用以前的符号

$$\dot{\boldsymbol{r}} = \boldsymbol{\alpha},\ \ddot{\boldsymbol{r}} = \dot{\boldsymbol{\alpha}} = \kappa\boldsymbol{\beta}$$

故若 $\boldsymbol{n}$ 为曲面在 Γ 上一点 P 的幺法矢，则

$$\boldsymbol{n}\ddot{\boldsymbol{r}} = \kappa\boldsymbol{\beta}\boldsymbol{n}$$

若 θ 为 $\boldsymbol{\beta}$ 和 $\boldsymbol{n}$ 之间的角且 $0\leqslant\theta\leqslant\pi$，则 $\boldsymbol{\beta}\boldsymbol{n} = \cos\theta$，于是

$$\boldsymbol{n}\ddot{\boldsymbol{r}} = \kappa\cos\theta$$

把 Γ 的方程写成 $\boldsymbol{r} = \boldsymbol{r}(u(s), v(s))$，就得

$$\dot{\boldsymbol{r}} = \boldsymbol{r}_u\dot{u} + \boldsymbol{r}_v\dot{v}$$

$$\ddot{\boldsymbol{r}} = \boldsymbol{r}_{uu}\dot{u}^2 + 2\boldsymbol{r}_{uv}\dot{u}\dot{v} + \boldsymbol{r}_{vv}\dot{v}^2 + \boldsymbol{r}_u\ddot{u} + \boldsymbol{r}_v\ddot{v}$$

但 $\boldsymbol{nr}_u = \boldsymbol{nr}_v = 0$，故

$$\boldsymbol{n}\ddot{\boldsymbol{r}} = \boldsymbol{nr}_{uu}\dot{u}^2 + 2\boldsymbol{nr}_{uv}\dot{u}\dot{v} + \boldsymbol{nr}_{vv}\dot{v}^2$$

引进符号

$$L = \boldsymbol{nr}_{uu},\ M = \boldsymbol{nr}_{uv},\ N = \boldsymbol{nr}_{vv}$$

则

$$\boldsymbol{n}\ddot{\boldsymbol{r}} = \kappa\cos\theta = L\ddot{u}^2 + 2M\dot{u}\dot{v} + N\dot{v}^2 = L\frac{\mathrm{d}u^2}{\mathrm{d}s^2} + 2M\frac{\mathrm{d}u\mathrm{d}v}{\mathrm{d}s\,\mathrm{d}s} + N\frac{\mathrm{d}v^2}{\mathrm{d}s^2}$$

引用第一基本齐式

$$\mathrm{d}s^2 = E\mathrm{d}u^2 + 2F\mathrm{d}u\mathrm{d}v + G\mathrm{d}v^2$$

$$\kappa\cos\theta = \boldsymbol{n}\ddot{\boldsymbol{r}} = \frac{L\mathrm{d}u^2 + 2M\mathrm{d}u\mathrm{d}v + N\mathrm{d}v^2}{E\mathrm{d}u^2 + 2F\mathrm{d}u\mathrm{d}v + G\mathrm{d}v^2}$$

由于 $\boldsymbol{n}\dot{\boldsymbol{r}} = 0$，可知

$$\boldsymbol{n}\ddot{\boldsymbol{r}} = -\dot{\boldsymbol{n}}\dot{\boldsymbol{r}} = -\frac{\mathrm{d}\boldsymbol{n}\cdot\mathrm{d}\boldsymbol{r}}{\mathrm{d}s^2}$$

故

$$-\mathrm{d}\boldsymbol{n}\cdot\mathrm{d}\boldsymbol{r} = L\mathrm{d}u^2 + 2M\mathrm{d}u\mathrm{d}v + N\mathrm{d}v^2$$

此式的右边叫做曲面的第二基本齐式，它的系数 L，M，N，和 E，F，G 一样，是 u，v 的函数，叫做曲面的第二类基本量。注意：

$$\mathrm{d}\boldsymbol{n} = \boldsymbol{n}_u\mathrm{d}u + \boldsymbol{n}_v\mathrm{d}v,\ \mathrm{d}\boldsymbol{r} = \boldsymbol{r}_u\mathrm{d}u + \boldsymbol{r}_v\mathrm{d}v$$

故

$$L = -\boldsymbol{n}_u\boldsymbol{r}_u,\ M = -\boldsymbol{n}_u\boldsymbol{r}_v = -\boldsymbol{n}_v\boldsymbol{r}_r,\ N = -\boldsymbol{n}_v\boldsymbol{r}_v$$

以上表明：曲面上曲线 Γ 在任意点 P 的曲率，决定于 P 点的位置，它在 P 点的切线方向（以 $\mathrm{d}u:\mathrm{d}v$ 为代表），以及它的主法线和曲面法线之间的夹角 θ（$\theta = \pi/2$ 的特殊情况除外）。

令

$$\kappa_n = \boldsymbol{n}\ddot{\boldsymbol{r}} = -\dot{\boldsymbol{n}}\dot{\boldsymbol{r}}$$

则

$$\kappa_n = \frac{L\mathrm{d}u^2 + 2M\mathrm{d}u\mathrm{d}v + N\mathrm{d}v^2}{E\mathrm{d}u^2 + 2F\mathrm{d}u\mathrm{d}v + G\mathrm{d}v^2}$$

于是

$$\kappa_n = \kappa\cos\theta$$

在曲面上固定点 P，第一和第二类基本量 E，F，G 和 L，M，N 都有固定值，只决定于 $\mathrm{d}u:\mathrm{d}v$，即 $\boldsymbol{\alpha}$ 的方向；在这里，$\boldsymbol{\alpha}$ 可以只看成是代表曲面在点 P 的一个切线方向而不管它是哪一条曲线的曲线方向。事实上，曲面上在 P 点相切的一切曲线都确定同一个 κ_n 值，这样的 κ_n 叫做曲面在 P 点沿切线方向 $\boldsymbol{\alpha}$ 的法曲率。法曲率和 $\boldsymbol{\alpha}$ 的正向无关，但当幺法矢 $\boldsymbol{n}$ 的正向颠倒时，一切方向的法曲率都变号。

对于 $\boldsymbol{\beta n} = \cos\theta \neq 0$，即 $\theta = \pi/2$ 的方向 $\boldsymbol{\alpha}$，曲面上任意沿 $\boldsymbol{\alpha}$ 方向的曲线的曲率 κ 和沿该方向的法曲率 κ_n 的关系就叫做默尼埃定理，即：$\kappa_n = \kappa\cos\theta$。

法曲率的几何意义：经过曲面在 P 点的法线，沿任意方向 $\boldsymbol{\alpha}$，可以作曲面的一个法面，它和曲面的交线 $\overline{\Gamma}$ 叫做曲面沿 $\boldsymbol{\alpha}$ 方向的法截线。法截线 $\overline{\Gamma}$ 是平面曲线。若 P 是 $\overline{\Gamma}$ 的逗留点，$\kappa_n=\kappa=0$；若 P 不是 $\overline{\Gamma}$ 的逗留点，它的主法矢 $\boldsymbol{\beta}_n$ 既在法面上又和 $\boldsymbol{\alpha}$ 垂直因而和法矢 $\boldsymbol{n}$ 平行，$\boldsymbol{\beta}_n=\varepsilon\boldsymbol{n}$，或 $\boldsymbol{\beta}_n\boldsymbol{n}=\varepsilon$，$\kappa_n=\kappa\boldsymbol{\beta}_n\boldsymbol{n}$，其中 $\varepsilon=\pm1$，于是有两种可能：

（1）当 $\boldsymbol{\beta}_n=\boldsymbol{n}$ 时，法截线 $\overline{\Gamma}$ 向 $\boldsymbol{n}$ 所指的一侧弯曲，法曲率等于法截线 $\overline{\Gamma}$ 的曲率；

（2）当 $\boldsymbol{\beta}_n=-\boldsymbol{n}$ 时，法截线 $\overline{\Gamma}$ 向 $-\boldsymbol{n}$ 所指的一侧弯曲，法曲率和法截线 $\overline{\Gamma}$ 的曲率相差一个符号。

在曲面上一点 P，一般地沿不同切线方向 $\boldsymbol{\alpha}$ 有不同的法曲率。特殊地，法曲率 $\kappa_n=0$ 的方向叫做曲面在 P 点的一个渐进方向。渐进方向的存在情况主要取决于第二基本齐式的判别式 $LN-M^2$ 的符号。我们区别以下几种情况。

（1）椭圆点，即曲面上 $LN-M^2>0$ 的点。在椭圆点，没有渐进方向，一切方向的法曲率都同号，一切法截线都朝法矢（或法面）的同一侧弯曲，因而在 P 点的邻近一个充分小的范围内，曲面除 P 点外完全位于切面的同一侧。特殊地，若在 P 点，除 $LN-M^2>0$ 外

$$L:M:N=E:F:G$$

即或

$$L=\lambda E;\ M=\lambda F;\ N=\lambda G$$

则在 P 点，沿一切方向，法曲率 $\kappa_n=\lambda\neq0(LN-M^2=\lambda^2(EG-F^2)>0)$，曲面沿一切方向的法曲率都相同，这样的点叫做圆点。

（2）双曲点，即曲面上 $LN-M^2<0$ 的点。在双曲点，有两条不同的渐进方向，它们形成两对对顶角。在一对对顶角内，法曲率是正的，法截线都朝法矢的正侧弯曲；在另一对对顶角内，法曲率是负的，法截线都朝法矢的负侧弯曲。

（3）抛物点，即曲面上 $LN-M^2=0$ 的点。曲面在抛物点一般只有一个渐进方向，而沿其他方向，法曲率都同号，法截线都朝着法矢的同一侧弯曲。锥面和柱面上的点都是抛物点。特殊地，若在 P 点，$L=M=N=0$，曲面在 P 点沿一切方向的法曲率都等于零，一切方向都是渐进方向，这样的点叫做平点。

一般地，满足 $L:M:N=E:F:G$ 的点叫做脐点，平点和圆点都是脐点。

1.4.3.5 主方向和主曲率之曲率线

根据法曲率的公式，在脐点，曲面沿各（切线）方向的法曲率都相同；特殊地，在平点，沿各方向的法曲率都是0；在圆点，沿各方向的法曲率都有共同的非零值。

在一个非脐点，沿不同方向的法曲率显然不会都相同，因而必有一个最大值和一个最小值，而且最大值大于最小值。法曲率的最大值和最小值都叫做曲面在该点的主曲率，法曲率有最大值和最小值的方向叫做曲面在该点的主方向。

在一个非脐点，曲面总有两个不相等的主曲率，对应于两个不相同的主方向。在脐点，法曲率的最大值和最小值都等于沿一切方向的共同法曲率，因此，这个共同的法曲率就是主曲率，一切方向都是主方向。

在曲面上一个固定点 P，可以采用微积分里求极值的方法求主方向和主曲率。将法曲

率 κ_n 看成

$$\mu=\frac{\mathrm{d}u}{\mathrm{d}v}$$

的函数，由法曲率公式可得

$$(\kappa_n E-L)\mu^2+2(\kappa_n F-M)\mu+(\kappa_n G-N)=0$$

在这里，由于 P 点固定，E，F，G 和 L，M，N 都是常数，μ 是独立变量，κ_n 是 μ 的函数。对 μ 微导，并令 $\frac{\mathrm{d}\kappa_n}{\mathrm{d}\mu}=0$，可得

$$\begin{cases}(\kappa_n E-L)\mathrm{d}u+(\kappa_n F-M)\mathrm{d}v=0\\(\kappa_n F-M)\mathrm{d}u+(\kappa_n G-N)\mathrm{d}v=0\end{cases}$$

这就是确定主方向和主曲率的方程。它不但适用于非脐点，也适用于脐点。但是，在脐点，由于

$$\kappa_n=\frac{L}{E}=\frac{M}{F}=\frac{N}{G}=\lambda$$

容易看出，方程对于 $\mathrm{d}u:\mathrm{d}v$ 是恒等式，表明一切方向都是主方向。

消去方程中的 $\mathrm{d}u$，$\mathrm{d}v$，就得到确定主曲率的方程：

$$\begin{vmatrix}\kappa_n E-L & \kappa_n F-M\\ \kappa_n F-M & \kappa_n G-N\end{vmatrix}=0$$

或者

$$(EG-F^2)\kappa_n^2+(EN-2FM+GL)\kappa_n+(LN-M^2)=0$$

在非脐点，它必然有两个不同实根，对应于两个主曲率。设用 κ_1，κ_2 表示主曲率，则由韦达定理，得两个主曲率的中值是

$$H=\frac{1}{2}(\kappa_1+\kappa_2)=\frac{EN-2FM+GL}{2(EG-F^2)}$$

它们之积是

$$K=\kappa_1\kappa_2=\frac{LN-M^2}{EG-F^2}=\frac{LN-M^2}{D^2}$$

H，K 依次称为曲面在该点的中曲率和全曲率。中曲率的绝对值和全曲率显然都是曲面的不变量，但中曲率和沿任意方向的法曲率一样，随着幺法矢 $\boldsymbol{n}$ 的正向颠倒而变号。由全曲率公式可知：在椭圆点（$LN-M^2>0$），两个主曲率同号；在双曲点（$LN-M^2<0$），它们异号；在抛物点（$LN-M^2=0$），它们中至少一个是0，因而至少有一个主方向是渐进方向。反过来，若在曲面上一点，有一个主方向同时是渐进方向，则一个主曲率是0，故该点是抛物点。

若将确定主方向和主曲率的方程改写成

$$\begin{cases}\kappa_n(E\mathrm{d}u+F\mathrm{d}v)-(L\mathrm{d}u+M\mathrm{d}v)=0\\\kappa_n(F\mathrm{d}u+G\mathrm{d}v)-(M\mathrm{d}u+N\mathrm{d}v)=0\end{cases}$$

消去 κ_n，就得到确定主方向的方程：

$$\begin{vmatrix} E\mathrm{d}u + F\mathrm{d}v & L\mathrm{d}u + M\mathrm{d}v \\ F\mathrm{d}u + G\mathrm{d}v & M\mathrm{d}u + N\mathrm{d}v \end{vmatrix} = 0$$

或者

$$(EM - FL)\mathrm{d}u^2 + (EN - GL)\mathrm{d}u\mathrm{d}v + (FN - GM)\mathrm{d}v^2 = 0$$

在脐点，这个方程的三个系数都是零，一切方向都是主方向。在非脐点，这个方程的两个根 $\mathrm{d}u:\mathrm{d}v$ 确定两个主方向。容易证明，这两个主方向总是互相垂直。设 μ_1，μ_2 为确定主方向的方程的两个根 $\mathrm{d}u:\mathrm{d}v$。根据两方向垂直的条件，有

$$E\mu_1\mu_2 + F(\mu_1 + \mu_2) + G = 0$$

确定主方向的方程为

$$\mu_1\mu_2 = \frac{FN - GM}{EM - FL},\ \mu_1 + \mu_2 = \frac{FN - GL}{EM - FL}$$

把确定主方向的方程写成方阵形式：

$$\begin{vmatrix} \mathrm{d}v^2 & -\mathrm{d}u\mathrm{d}v & \mathrm{d}u^2 \\ E & F & G \\ L & M & N \end{vmatrix} = 0$$

把

$$E = \boldsymbol{r}_u^2;F = \boldsymbol{r}_u\boldsymbol{r}_v;G = \boldsymbol{r}_v^2;$$

$$L = -\boldsymbol{n}_u\boldsymbol{r}_u;M = -\boldsymbol{n}_u\boldsymbol{r}_v = -\boldsymbol{n}_v\boldsymbol{r}_r;N = -\boldsymbol{n}_v\boldsymbol{r}_v$$

分别代入确定主方向的方程，并注意

$$\mathrm{d}\boldsymbol{n} = \boldsymbol{n}_u\mathrm{d}u + \boldsymbol{n}_v\mathrm{d}v,\mathrm{d}\boldsymbol{r} = \boldsymbol{r}_u\mathrm{d}u + \boldsymbol{r}_v\mathrm{d}v$$

可以得到和确定主方向的方程的等价关系

$$\begin{cases} \boldsymbol{r}_u(\kappa_n\mathrm{d}\boldsymbol{r} + \mathrm{d}\boldsymbol{n}) = 0 \\ \boldsymbol{r}_v(\kappa_n\mathrm{d}\boldsymbol{r} + \mathrm{d}\boldsymbol{n}) = 0 \end{cases}$$

但显然

$$\boldsymbol{n}(\kappa_n\mathrm{d}\boldsymbol{r} + \mathrm{d}\boldsymbol{n}) = 0$$

而 $\boldsymbol{r}_u$，$\boldsymbol{r}_v$，$\boldsymbol{n}$ 是不共面的三个矢量，故这三个矢量都垂直于（微分）矢量 $\kappa_n\mathrm{d}\boldsymbol{r} + \mathrm{d}\boldsymbol{n}$。只有零矢量同时垂直于三个不共面的矢量，即 $\kappa_n\mathrm{d}\boldsymbol{r} + \mathrm{d}\boldsymbol{n} = 0$，得

$$\mathrm{d}\boldsymbol{n} = -\kappa_n\mathrm{d}\boldsymbol{r}$$

在这里，$\mathrm{d}\boldsymbol{r}$，$\mathrm{d}\boldsymbol{n}$ 表示沿一个主方向的微分，κ_n 表示沿这个主方向的主曲率，这个方程叫做罗德里克方程。

曲面上一条曲线的切线若总是沿着一个主方向，就叫做曲面上的一条曲率线。由于平面或球面上每一点都是脐点，它们上面的每条曲线就总是以主方向为切线方向，因而都是曲率线。在一般的曲面上，经过一个非脐点，有两条互相垂直的曲率线，在不含脐点的一片曲面上，曲率线构成一个正交网。

在一片不含有脐点的曲面上，参数曲线为曲率线的充要条件是：$F = M = 0$。

曲面参数正交化：若把方阵形式的确定主方向的方程里的 E，F，G 和 L，M，N 看成 u，v 的函数，它就是曲率网的微分方程。把这个二次方程分解为两个一次方程，然后积

分，就得到互相垂直的两族曲率线。在不含有脐点的一片曲面上，我们总可以引进新的参数，使新的参数曲线就是曲率线。这对于曲面的理论研究有很大好处。

1.4.3.6　欧拉公式

在曲面上一个非脐点 P，曲面参数正交化后，参数曲线方向为主方向，$F=M=0$，曲面的第一和第二基本齐式为

$$\mathrm{d}\boldsymbol{r}^2=\mathrm{d}s^2=E\mathrm{d}u^2+G\mathrm{d}v^2,$$
$$-\mathrm{d}\boldsymbol{n}\cdot\mathrm{d}\boldsymbol{r}=L\mathrm{d}u^2+N\mathrm{d}v^2$$

则在 P 点，曲面沿任意切线方向

$$\boldsymbol{\alpha}=\frac{\mathrm{d}\boldsymbol{r}}{\mathrm{d}s}=\boldsymbol{r}_u\frac{\mathrm{d}u}{\mathrm{d}s}+\boldsymbol{r}_v\frac{\mathrm{d}v}{\mathrm{d}s}$$

的法曲率

$$\kappa_n=\frac{L\mathrm{d}u^2+N\mathrm{d}v^2}{E\mathrm{d}u^2+G\mathrm{d}v^2}=\frac{L\mathrm{d}u^2+N\mathrm{d}v^2}{\mathrm{d}s^2}=L\left(\frac{\mathrm{d}u}{\mathrm{d}s}\right)^2+N\left(\frac{\mathrm{d}v}{\mathrm{d}s}\right)^2$$

设 κ_1，κ_2 依次为对应于主方向 $\mathrm{d}u=0$ 和 $\mathrm{d}v=0$ 的主曲率，则

$$\kappa_1=\frac{L}{E},\ \kappa_2=\frac{N}{G}$$

另一方面，若

$$\boldsymbol{g}_1=\frac{\boldsymbol{r}_u}{\sqrt{E}},\ \boldsymbol{g}_2=\frac{\boldsymbol{r}_v}{\sqrt{G}}$$

为与 $\boldsymbol{r}_u$，$\boldsymbol{r}_v$ 依次同向的幺矢，而 φ 为从 $\boldsymbol{g}_1$ 到 $\boldsymbol{\alpha}$ 的有向角，则

$$\boldsymbol{g}_1\times\boldsymbol{g}_2=\boldsymbol{n}$$

$\boldsymbol{g}_1$，$\boldsymbol{g}_2$，$\boldsymbol{n}$ 构成右旋的彼此垂直的幺矢，而且

$$\boldsymbol{\alpha}=\cos\varphi\boldsymbol{g}_1+\sin\varphi\boldsymbol{g}_2$$

则

$$\frac{\mathrm{d}u}{\mathrm{d}s}=\frac{1}{\sqrt{E}}\cos\varphi,\ \frac{\mathrm{d}v}{\mathrm{d}s}=\frac{1}{\sqrt{G}}\sin\varphi$$

于是

$$\kappa_n=\kappa_1\cos^2\varphi+\kappa_2\sin^2\varphi$$

这个公式叫做欧拉公式，它表明了任意方向的法曲率 κ_n 和主曲率 κ_1、κ_2 以及 $\boldsymbol{g}_1$ 到 $\boldsymbol{\alpha}$ 的（有向）角 φ 的关系。

若 P 点是脐点，则沿一切方向，$\kappa_n=\kappa_1=\kappa_2$，欧拉公式仍然适用。因此，欧拉公式具有普遍适用性。

不难证明：沿任意两个互相垂直的切线方向的法曲率的平均值总等于中曲率。

假设在 P 点，参数曲线方向为主方向，则根据罗德里克公式，沿主方向 $\boldsymbol{g}_1$（$\mathrm{d}v=0$）

$$\boldsymbol{n}_u\frac{\mathrm{d}u}{\mathrm{d}s}=\frac{\mathrm{d}\boldsymbol{n}}{\mathrm{d}s}=-\kappa_1\frac{\mathrm{d}\boldsymbol{r}}{\mathrm{d}s}=-\kappa_1\boldsymbol{r}_u\frac{\mathrm{d}u}{\mathrm{d}s}$$

即

$$\boldsymbol{n}_u = -\kappa_1 \boldsymbol{r}_u$$

同样，

$$\boldsymbol{n}_v = -\kappa_2 \boldsymbol{r}_v$$

则沿任意方向 $\boldsymbol{\alpha}$

$$\frac{\mathrm{d}\boldsymbol{n}}{\mathrm{d}s} = \boldsymbol{n}_u \frac{\mathrm{d}u}{\mathrm{d}s} + \boldsymbol{n}_v \frac{\mathrm{d}v}{\mathrm{d}s}$$

可以写成

$$\frac{\mathrm{d}\boldsymbol{n}}{\mathrm{d}s} = -(\kappa_1 \cos\varphi\, \boldsymbol{g}_1 + \kappa_2 \sin\varphi \boldsymbol{g}_2)$$

其中各符号的意义如前。无论 P 是否脐点，只要 $\boldsymbol{g}_1$，$\boldsymbol{g}_2$ 是互相垂直的主方向上的幺矢，这个公式就普遍适用。

1.4.3.7 短程曲率和短程线

设 P 为曲面上一点，Γ 为曲面上经过 P 的一条有向曲线，$\boldsymbol{\alpha}$ 是 Γ 在 P 点的幺切矢，则曲面在 P 点沿 $\boldsymbol{\alpha}$ 方向的法曲率是

$$\kappa_n = -\dot{\boldsymbol{n}}\boldsymbol{\alpha} = \boldsymbol{n}\dot{\boldsymbol{\alpha}} = \kappa\boldsymbol{\beta}\boldsymbol{n} = \kappa\cos\theta$$

式中，κ 是 Γ 在 P 点曲率；θ 为 P 点 Γ 的主法矢 $\boldsymbol{\beta}$ 和曲面法矢 $\boldsymbol{n}$ 的夹角。现在令

$$\boldsymbol{v} = \boldsymbol{n} \times \boldsymbol{\alpha}$$

则 $\boldsymbol{v}$ 也是曲面在 P 点的一个切矢，而且 $\boldsymbol{\alpha}$，$\boldsymbol{v}$，$\boldsymbol{n}$ 构成右旋的彼此垂直的幺矢。我们把

$$k_g = \boldsymbol{v}\dot{\boldsymbol{\alpha}} = \kappa\boldsymbol{\beta}\boldsymbol{v} = \kappa(\boldsymbol{n}, \boldsymbol{\alpha}, \boldsymbol{\beta}) = \kappa\boldsymbol{\gamma}\boldsymbol{n}$$

叫做 Γ 在 P 点的短程曲率，其中 $\boldsymbol{\beta}$ 是在 P 点 Γ 的主法矢，$\boldsymbol{\gamma}$ 是在 P 点 Γ 的副法矢。

$$|\kappa_g| = \kappa\sin\theta$$

有

$$\kappa_n^2 + \kappa_g^2 = \kappa^2$$

曲面上短程曲率恒等于零的曲线叫做曲面上的短程线。曲面上的直线一定是短程线，除此之外曲面上曲线为短程线的充要条件是曲线的主法线处处和曲面发现重合。

经过曲面上一点，沿每一个切线方向，有唯一的一条短程线。

如果把曲面的范围作适当的限制（如圆柱面上“去掉”一条直母线），则连接曲面上任意两点都只有唯一的一条短程线，而且曲面上一切连接这两点的曲线中，这条短程线最短。

把一个曲面任意弯曲而不改变它上面所有曲线的弧长，则短程曲率不变，因而短程线总保持为短程线。

1.4.3.8 短程挠率

设 Γ 为曲面上一条异于直线的短程线，$\boldsymbol{\alpha}$，$\boldsymbol{\beta}$，$\boldsymbol{\gamma}$ 依次为 Γ 的切矢、主法矢和副法矢，$\boldsymbol{n}$ 为曲面法矢，则因 Γ 是短程线，$\boldsymbol{\beta} = \pm\boldsymbol{n}$，$\Gamma$ 的挠率

$$\tau = \dot{\boldsymbol{\beta}}\boldsymbol{\gamma} = (\dot{\boldsymbol{\beta}}, \boldsymbol{\alpha}, \boldsymbol{\beta}) = (\dot{\boldsymbol{n}}, \boldsymbol{\alpha}, \boldsymbol{n})$$

或者：

$$\tau = \left(\boldsymbol{n}, \frac{\mathrm{d}\boldsymbol{n}}{\mathrm{d}s}, \frac{\mathrm{d}\boldsymbol{r}}{\mathrm{d}s}\right)$$

把 $\boldsymbol{n} = \frac{\boldsymbol{r}_u \times \boldsymbol{r}_v}{D}$ 代入，则

$$\tau = \frac{\boldsymbol{r}_u \times \boldsymbol{r}_v}{D} \cdot \frac{\mathrm{d}\boldsymbol{n} \times \mathrm{d}\boldsymbol{r}}{\mathrm{d}s^2}$$

利用拉格朗日恒等式，再把 $\mathrm{d}\boldsymbol{n}$ 写成 $\boldsymbol{n}_u$，$\boldsymbol{n}_v$ 的线性组合，$\mathrm{d}\boldsymbol{r}$ 写成 $\boldsymbol{r}_u$，$\boldsymbol{r}_v$ 的线性组合，并利用关于第一类和第二类基本量的公式，得

$$\tau = \frac{1}{D\mathrm{d}s^2}\left[(\boldsymbol{r}_u \mathrm{d}\boldsymbol{n})(\boldsymbol{r}_v \mathrm{d}\boldsymbol{r}) - (\boldsymbol{r}_u \mathrm{d}\boldsymbol{r})(\boldsymbol{r}_v \mathrm{d}\boldsymbol{n})\right] = \frac{1}{D}\begin{vmatrix} E\frac{\mathrm{d}u}{\mathrm{d}s} + F\frac{\mathrm{d}v}{\mathrm{d}s} & F\frac{\mathrm{d}u}{\mathrm{d}s} + G\frac{\mathrm{d}v}{\mathrm{d}s} \\ L\frac{\mathrm{d}u}{\mathrm{d}s} + M\frac{\mathrm{d}v}{\mathrm{d}s} & M\frac{\mathrm{d}u}{\mathrm{d}s} + N\frac{\mathrm{d}v}{\mathrm{d}s} \end{vmatrix}$$

已给曲面上一点 P 和在 P 点的一个切线方向，无论沿这个方向的短程线是不是直线，上式都有一个确定的值，我们把这个值叫做曲面在 P 点沿该方向的短程挠率，并用 τ_g 表示：

$$\tau = \left(\boldsymbol{n}, \frac{\mathrm{d}\boldsymbol{n}}{\mathrm{d}s}, \frac{\mathrm{d}\boldsymbol{r}}{\mathrm{d}s}\right) = \frac{1}{D}\begin{vmatrix} E\frac{\mathrm{d}u}{\mathrm{d}s} + F\frac{\mathrm{d}v}{\mathrm{d}s} & F\frac{\mathrm{d}u}{\mathrm{d}s} + G\frac{\mathrm{d}v}{\mathrm{d}s} \\ L\frac{\mathrm{d}u}{\mathrm{d}s} + M\frac{\mathrm{d}v}{\mathrm{d}s} & M\frac{\mathrm{d}u}{\mathrm{d}s} + N\frac{\mathrm{d}v}{\mathrm{d}s} \end{vmatrix}$$

由短程挠率的定义和公式可知：

（1）短程挠率的符号与 $\boldsymbol{\alpha}$ 的正向无关，与 $\boldsymbol{n}$ 的正向也无关；

（2）当沿 $\boldsymbol{\alpha}$ 方向的短程线不是直线时，短程挠率等于这条短程线的挠率；

（3）短程挠率等于零是主方向的充要条件，或者说，曲面上一条曲线为曲率线的充要条件是沿其切线方向的短程挠率恒等于零；

（4）若引进矢量 $\boldsymbol{v} = \boldsymbol{n} \times \boldsymbol{\alpha}$，则

$$\tau_g = -\boldsymbol{v}\frac{\mathrm{d}\boldsymbol{n}}{\mathrm{d}s}$$

在曲面上一点 P，设 $\boldsymbol{g}_1$，$\boldsymbol{g}_2$ 为沿两个互相垂直的主方向的幺矢，$\boldsymbol{\alpha}$ 为任意切矢，φ 为从 $\boldsymbol{g}_1$ 到 $\boldsymbol{\alpha}$ 的有向角，κ_1，κ_2 依次为沿主方向 $\boldsymbol{g}_1$，$\boldsymbol{g}_2$ 的主曲率，则 $\boldsymbol{g}_1$，$\boldsymbol{g}_2$，$\boldsymbol{n}$ 构成右旋的彼此垂直的幺矢：

$$\boldsymbol{g}_1 \times \boldsymbol{g}_2 = \boldsymbol{n},\ \boldsymbol{n} \times \boldsymbol{g}_1 = \boldsymbol{g}_2,\ \boldsymbol{g}_2 \times \boldsymbol{n} = \boldsymbol{g}_1$$

而且

$$\frac{\mathrm{d}\boldsymbol{r}}{\mathrm{d}s} = \boldsymbol{\alpha} = \cos\varphi\boldsymbol{g}_1 + \sin\varphi\boldsymbol{g}_2$$

$$\frac{\mathrm{d}\boldsymbol{n}}{\mathrm{d}s} = -(\kappa_1\cos\varphi\boldsymbol{g}_1 + \kappa_2\sin\varphi\boldsymbol{g}_2)$$

于是

$$\boldsymbol{v} = \boldsymbol{n} \times \boldsymbol{\alpha} = -\sin\varphi\boldsymbol{g}_1 + \cos\varphi\boldsymbol{g}_2$$

因而，有

$$\tau_g = (\kappa_2 - \kappa_1)\sin\varphi\cos\varphi$$

这叫做贝特朗公式。

1.4.4 包络论简介

1.4.4.1 单参数曲面族

在前文中已得出了一个曲面的参数方程：

$$\boldsymbol{r}=\boldsymbol{r}(u,\ v),(u,\ v)\in R$$

u, v 是曲面上的两个独立参数，假若上面方程代表一个曲面 S_t（t 是确定值），就可以用方程

$$\boldsymbol{r}=\boldsymbol{r}(u,\ v;\ t) \tag{1-17}$$

代表一个单参数曲面族$\{S_t\}$。其中，u，v 仍是曲面 S_t 上的两个独立参数，它描述了曲面的形状；t 是曲面族的参数，每给 t 一个值（一般在一个闭节 $t_2\leqslant t\leqslant t_1$ 里），矢方程(1-17)就代表一个曲面 S_t，而当 t 的值变化时，曲面 S_t 就随之变化，这就构成了一个单参数曲面族$\{S_t\}$。这里指的单参数是族的参数只有一个，如式（1-17）中的 t。

例如，当使用一把刀具加工工件时，也可以说是一个刀具曲面包络一个被加工的工件曲面，这时刀具曲面相对工件曲面的不同位置就形成了一个单参数曲面族。

1.4.4.2 曲面族的包络面

假定对每一个 t 值，矢函数 $\boldsymbol{r}(u,\ v;\ t)$ 都是连续的一阶和二阶偏导矢，而且曲面 S_t 上没有奇点，即 $\boldsymbol{r}_u\times\boldsymbol{r}_v\neq 0$。这样，单参数曲面族 $\{S_t\}$ 的包络面的定义是：若有一个曲面Σ，它上面的每一点都属于曲面族 $\{S_t\}$ 中唯一的一个曲面 S_t 上的点，而且Σ和 S_t 在切点相切，则称Σ和 S_t 在切点相切，则Σ称为曲面族 $\{S_t\}$ 的包络面。

例如，前面所介绍的一个可展开曲面（平面除外）的切面所构成的单参数平面族 $\{\boldsymbol{\pi}_\lambda\}$（$\lambda$ 是平面族的参数），这个平面族的包络面就是可展曲面；若使一个半径为 R 的球面的中心沿一条直线 L 移动，则球面在运动中的不同位置构成一个单参数球面族，则这个球面族的包络面是以 L 为轴、R 为半球的一个圆柱面（图1-7）。

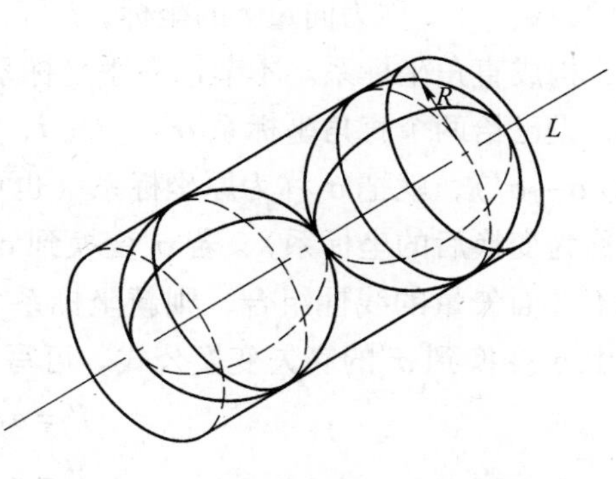

图1-7 半球的一个圆柱面

应该指出，一个不可展曲面的全部切面构成一个参数平面族，只有可展曲面的切面才构成单参数平面族。例如，一个球面就可以看成是一个双参数平面族的包络面，其中一个族的参数变动时，可以形成球面的一条纬线；另一个族的参数变动时，形成球面的一条经线。于是，双参数平面族包络出整个球面来。

还应强调指出，不是每一个单参数曲面族都是包络面。例如，一个有互相平行的平面所构成的平面族就无包络面；又如，由经过同一条直线 α 的平面所构成的平面族（图1-8）就没有包络面，再如，同心球面所构成的球面族（图1-9）也没有包络面。

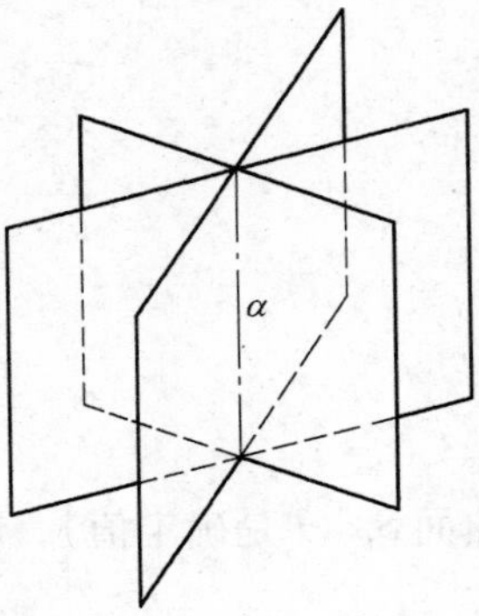

图 1－8　直线 α 的平面所构成的平面族

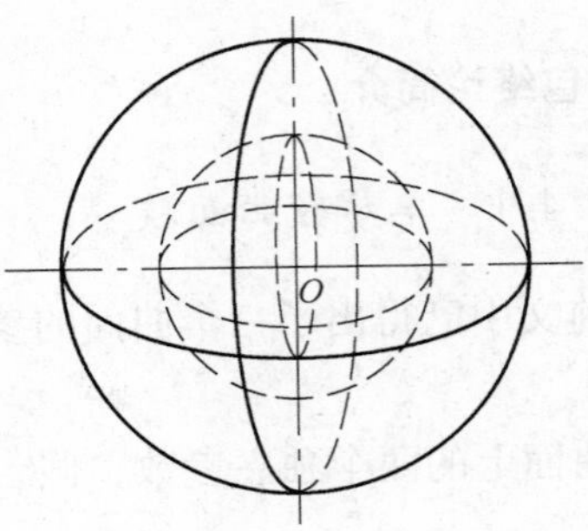

图 1－9　同心球面所构成的球面族

双参曲面族包络意义与单参曲面族包络相同，不同之处在于双参曲面族的曲面族参数有两个，而单参数曲面族包络只有一个。在实际中，对于双自由度齿轮副，即除绕轴线转动外，还有沿轴线做径向移动，例如切向进阶加工的蜗轮齿面、普通滚齿、普通剃齿等，其齿面位置显然不可由一个参数决定，而是由角速度、径向移动速度来决定。

对于点接触齿轮，可以将轴线交角视为一个参数，加上原有的角速度，这样其曲面族也可认为是双参曲面族，求得的包络面就是它的共轭曲面。

1.4.5　坐标变换

1.4.5.1　底矢的坐标变换

通常来说向量的表达式为

$$\boldsymbol{r} = x\boldsymbol{i} + y\boldsymbol{j} + z\boldsymbol{k}$$

其中，x、y、z 称为向量 $\boldsymbol{r}$ 的坐标，$\boldsymbol{i}$、$\boldsymbol{j}$、$\boldsymbol{k}$ 称为向量的底矢，用来表示三个相互垂直的幺矢，构成直角坐标系。本节以右手坐标系为例。

设已给两个直角坐标系 $\sigma = [O;\ \boldsymbol{i},\ \boldsymbol{j},\ \boldsymbol{k}]$，$\sigma' = [O';\ \boldsymbol{i}',\ \boldsymbol{j}',\ \boldsymbol{k}']$，若 σ 到 σ' 的变换（即 $\sigma \to \sigma'$），就把 σ 称为原坐标系（也可称为变换前的坐标系），把 σ' 称为新坐标系（也可称为变换后的坐标系），若 σ' 变换到 σ，则相反。由于空间任意一个矢量总可以写成三个不共面矢量的线性组合，则新坐标系 σ' 的底矢 $\boldsymbol{i}'$，$\boldsymbol{j}'$，$\boldsymbol{k}'$ 在坐标系 σ 里的表达式，称之为由 σ 变换到 σ' 的底矢变换公式。可写为

$$\sigma \to \sigma':\quad \left.\begin{aligned} \boldsymbol{i}' &= a_{11}\boldsymbol{i} + a_{12}\boldsymbol{j} + a_{13}\boldsymbol{k} \\ \boldsymbol{j}' &= a_{21}\boldsymbol{i} + a_{22}\boldsymbol{j} + a_{23}\boldsymbol{k} \\ \boldsymbol{k}' &= a_{31}\boldsymbol{i} + a_{32}\boldsymbol{j} + a_{33}\boldsymbol{k} \end{aligned}\right\} \tag{1-18}$$

为方便表述，现在用 $\boldsymbol{e}_1$，$\boldsymbol{e}_2$，$\boldsymbol{e}_3$ 来代替上述的 $\boldsymbol{i}$，$\boldsymbol{j}$，$\boldsymbol{k}$。所以式（1－18）可以表示为

$$\boldsymbol{e}'_i = \sum_{j=1}^{3} a_{ij}\boldsymbol{e}_j,\ (i = 1,2,3)$$

式中，a_{ij} 是坐标系 σ' 的底矢与 σ 底矢的余弦夹角，即

$$a_{ij} = \cos\ (\boldsymbol{e}'_i,\ \boldsymbol{e}_j)$$

换句话说，a_{ij}就是 e_i' 在 σ 下的方向余弦。例如：

$$a_{13}=\cos(\boldsymbol{e}_1',\ \boldsymbol{e}_3);\ a_{32}=\cos(\boldsymbol{e}_3',\ \boldsymbol{e}_2)$$

由式（1－18）可以推导出坐标系 σ'变换到坐标系 σ 的底矢变换公式，也就是说，用σ 在σ'中的表达式：

$$\sigma'\to\sigma:\qquad \left.\begin{aligned}\boldsymbol{e}_1&=a_{11}\boldsymbol{e}_1'+a_{21}\boldsymbol{e}_2'+a_{31}\boldsymbol{e}_3'\\ \boldsymbol{e}_2&=a_{12}\boldsymbol{e}_1'+a_{22}\boldsymbol{e}_2'+a_{32}\boldsymbol{e}_3'\\ \boldsymbol{e}_3&=a_{13}\boldsymbol{e}_1'+a_{23}\boldsymbol{e}_2'+a_{33}\boldsymbol{e}_3'\end{aligned}\right\}\tag{1－19}$$

或

$$\boldsymbol{e}_j=\sum_{i=1}^{3}a_{ij}\boldsymbol{e}_i',\ (i=1,\ 2,\ 3)$$

将式（1－18）和式（1－19）列个表（表1－1），就可以清楚地表达两个坐标系的底矢变换公式。

表 1－1　底矢变换公式

$\boldsymbol{e}_i'$ \ $\boldsymbol{e}_j$	$\boldsymbol{e}_1$	$\boldsymbol{e}_2$	$\boldsymbol{e}_3$
$\boldsymbol{e}_1'$	a_{11}	a_{12}	a_{13}
$\boldsymbol{e}_2'$	a_{21}	a_{22}	a_{23}
$\boldsymbol{e}_3'$	a_{31}	a_{32}	a_{33}

两点说明：

（1）下角标“j”表示变换前的坐标系，“i”表示变换后的坐标系；

（2）“$\sigma\to\sigma'$”中的“→”可理解为 σ 坐标系变换到 σ'坐标系。

式（1－17）中的9个系数 $a_{ij}(i=1,\ 2,\ 3)$ 所构成的矩阵表达了底矢变换的关系，称为由 $\sigma\to\sigma'$的底矢变换矩阵。记为 $\boldsymbol{M}_{O'O}$（注意下角标是从左到右的变换）。

$$\sigma\to\sigma':\qquad \boldsymbol{M}_{O'O}=\begin{bmatrix}a_{11}&a_{12}&a_{13}\\a_{21}&a_{22}&a_{23}\\a_{31}&a_{32}&a_{33}\end{bmatrix}$$

那么由式（1－18）可以很容易得到由 $\sigma'\to\sigma$ 的底矢矩阵是转换矩阵 $\boldsymbol{M}_{OO'}$

$$\sigma'\to\sigma:\qquad \boldsymbol{M}_{OO'}=\begin{bmatrix}a_{11}&a_{12}&a_{13}\\a_{21}&a_{22}&a_{23}\\a_{31}&a_{32}&a_{33}\end{bmatrix}$$

这样就可以用矩阵乘法的形式来表示底矢变换式（1－18）和式（1－19）。

由坐标系 σ 变换到 σ'：

$$\begin{bmatrix}\boldsymbol{e}_1'\\\boldsymbol{e}_2'\\\boldsymbol{e}_3'\end{bmatrix}=\begin{bmatrix}a_{11}&a_{12}&a_{13}\\a_{21}&a_{22}&a_{23}\\a_{31}&a_{32}&a_{33}\end{bmatrix}\begin{bmatrix}\boldsymbol{e}_1\\\boldsymbol{e}_2\\\boldsymbol{e}_3\end{bmatrix}=\boldsymbol{M}_{O'O}\begin{bmatrix}\boldsymbol{e}_1\\\boldsymbol{e}_2\\\boldsymbol{e}_3\end{bmatrix}\tag{1－20}$$

由坐标系 σ'变换到 σ：

$$\begin{bmatrix} e_1 \\ e_2 \\ e_3 \end{bmatrix} = \begin{bmatrix} a_{11} & a_{12} & a_{13} \\ a_{21} & a_{22} & a_{23} \\ a_{31} & a_{32} & a_{33} \end{bmatrix} \begin{bmatrix} e'_1 \\ e'_2 \\ e'_3 \end{bmatrix} = M_{OO'} \begin{bmatrix} e'_1 \\ e'_2 \\ e'_3 \end{bmatrix}$$

如图 1－10 所示特殊情况，若 $e'_3 = e_3$，由式（1－20）很容易写出底矢变换公式：

$$\left.\begin{aligned} e'_1 &= e_1\cos\theta + e_2\sin\theta \\ e'_2 &= -e_1\sin\theta + e_2\cos\theta \\ e'_3 &= e_3 \end{aligned}\right\}$$

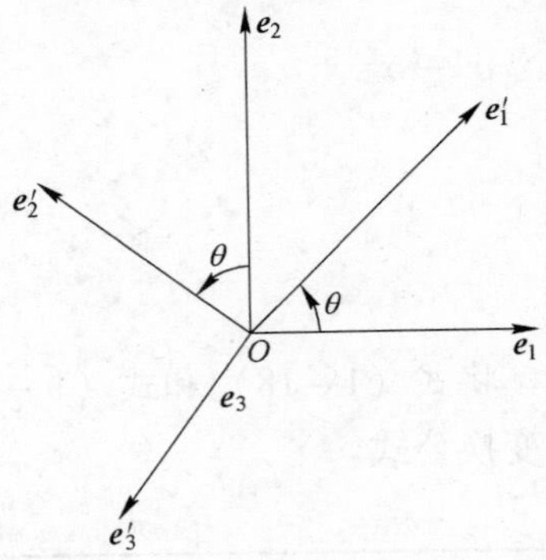

图 1－10　坐标变换坐标系

上式又可以写成

$$\begin{bmatrix} e'_1 \\ e'_2 \\ e'_3 \end{bmatrix} = \begin{bmatrix} \cos\theta & \sin\theta & 0 \\ -\sin\theta & \cos\theta & 0 \\ 0 & 0 & 1 \end{bmatrix} \begin{bmatrix} e_1 \\ e_2 \\ e_3 \end{bmatrix}$$

式中，θ 是从 e_1 到 e'_1 的有向角，即沿 $e_3 = e'_3$ 的相反方向看，由 e_1 到 e'_1 转动逆时针为正，顺时针为负。

若有第三个坐标系 $\sigma'' = [O;\ e''_1,\ e''_2,\ e''_3]$，而且

$$\sigma'\rightarrow\sigma'':\quad \left.\begin{aligned} e''_1 &= b_{11}e'_1 + b_{12}e'_2 + b_{13}e'_3 \\ e''_2 &= b_{21}e'_1 + b_{22}e'_2 + b_{23}e'_3 \\ e''_3 &= b_{31}e'_1 + b_{32}e'_2 + b_{33}e'_3 \end{aligned}\right\}$$

其中系数矩阵为

$$\sigma'\rightarrow\sigma'':\qquad M_{O''O'} = \begin{bmatrix} b_{11} & b_{12} & b_{13} \\ b_{21} & b_{22} & b_{23} \\ b_{31} & b_{32} & b_{33} \end{bmatrix}$$

$$\sigma''\rightarrow\sigma':\qquad M_{O'O''} = \begin{bmatrix} b_{11} & b_{21} & b_{31} \\ b_{12} & b_{22} & b_{32} \\ b_{13} & b_{23} & b_{33} \end{bmatrix}$$

不难推得由 σ 变换到 σ'' 的底矢变换公式：

$$\sigma\rightarrow\sigma'\rightarrow\sigma'':\qquad \begin{bmatrix} e''_1 \\ e''_2 \\ e''_3 \end{bmatrix} = M_{O''O'}M_{O'O} \begin{bmatrix} e_1 \\ e_2 \\ e_3 \end{bmatrix}$$

即

$$\begin{bmatrix} e''_1 \\ e''_2 \\ e''_3 \end{bmatrix} = \begin{bmatrix} b_{11} & b_{12} & b_{13} \\ b_{21} & b_{22} & b_{23} \\ b_{31} & b_{32} & b_{33} \end{bmatrix} \begin{bmatrix} b_{11} & b_{21} & b_{31} \\ b_{12} & b_{22} & b_{32} \\ b_{13} & b_{23} & b_{33} \end{bmatrix} \begin{bmatrix} e_1 \\ e_2 \\ e_3 \end{bmatrix}$$

同理，由坐标系 σ'' 变换到 σ 的矩阵为

$$\sigma''\to\sigma'\to\sigma:\quad \begin{bmatrix}\boldsymbol{e}_1\\\boldsymbol{e}_2\\\boldsymbol{e}_3\end{bmatrix}=\boldsymbol{M}_{OO'}\boldsymbol{M}_{O'O''}\begin{bmatrix}\boldsymbol{e}''_1\\\boldsymbol{e}''_2\\\boldsymbol{e}''_3\end{bmatrix}=\begin{bmatrix}a_{11}&a_{12}&a_{13}\\a_{21}&a_{22}&a_{23}\\a_{31}&a_{32}&a_{33}\end{bmatrix}\begin{bmatrix}b_{11}&b_{21}&b_{31}\\b_{12}&b_{22}&b_{32}\\b_{13}&b_{23}&b_{33}\end{bmatrix}\begin{bmatrix}\boldsymbol{e}''_1\\\boldsymbol{e}''_2\\\boldsymbol{e}''_3\end{bmatrix}$$

1.4.5.2 矢量的坐标变换

设矢量 $\boldsymbol{r}$ 在直角坐标系 $\sigma=[O;\ \boldsymbol{e}_1,\ \boldsymbol{e}_2,\ \boldsymbol{e}_3]$ 和另一个坐标系 $\sigma'=[O;\ \boldsymbol{e}'_1,\ \boldsymbol{e}'_2,\ \boldsymbol{e}'_3]$ 里的分量依次是 x、y、z 和如图 1－11 所示，则矢量 $\boldsymbol{r}$ 在坐标系 σ 里的表达式为

$$\boldsymbol{r}=x\boldsymbol{e}_1+y\boldsymbol{e}_2+z\boldsymbol{e}_3 \tag{1-21}$$

$\boldsymbol{r}$ 在坐标系 σ' 里的表达式为

$$\boldsymbol{r}'=x'\boldsymbol{e}'_1+y'\boldsymbol{e}'_2+z'\boldsymbol{e}'_3 \tag{1-22}$$

将底矢变换式（1－18）代入式（1－21）得

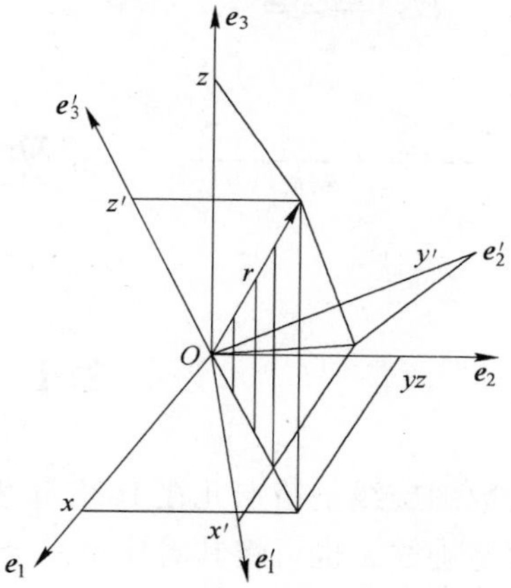

图 1－11　矢量的坐标变换

$$\begin{aligned}\boldsymbol{r}&=x(a_{11}\boldsymbol{e}'_1+a_{21}\boldsymbol{e}'_2+a_{31}\boldsymbol{e}'_3)+y(a_{12}\boldsymbol{e}'_1+a_{22}\boldsymbol{e}'_2+a_{32}\boldsymbol{e}'_3)+z(a_{13}\boldsymbol{e}'_1+a_{23}\boldsymbol{e}'_2+a_{33}\boldsymbol{e}'_3)\\&=(a_{11}x+a_{12}y+a_{13}z)\boldsymbol{e}'_1+(a_{21}x+a_{22}y+a_{23}z)\boldsymbol{e}'_2+(a_{31}x+a_{32}y+a_{33}z)\boldsymbol{e}'_3\end{aligned} \tag{1-23}$$

将式（1－22）与式（1－23）做对比得

$$\left.\begin{aligned}x'&=a_{11}x+a_{12}y+a_{13}z\\y'&=a_{21}x+a_{22}y+a_{23}z\\z'&=a_{31}x+a_{32}y+a_{33}z\end{aligned}\right\} \tag{1-24}$$

式（1－24）也可写成矩阵形式：

$$\sigma\to\sigma':\quad \begin{bmatrix}x'\\y'\\z'\end{bmatrix}=\begin{bmatrix}a_{11}&a_{12}&a_{13}\\a_{21}&a_{22}&a_{23}\\a_{31}&a_{32}&a_{33}\end{bmatrix}\begin{bmatrix}x\\y\\z\end{bmatrix}=\boldsymbol{M}_{O'O}\begin{bmatrix}x\\y\\z\end{bmatrix}$$

可见，矢量的坐标变换和底矢变换的系数矩阵形式完全相同。

第2章 对数螺旋线

2.1　对数螺旋线概念

对数螺旋线是笛卡儿在1638年发现的，用绳子环绕一个圆锥体运动所得到的就是一条对数螺旋线，也可将其看作是一个翻转的在两端无限延伸的圆锥的投影。在其形成的过程中，对数螺旋线的极半径为其极角的递增或递减函数，因此具有特殊的性质。

2.2　平面对数螺旋线

2.2.1　平面对数螺旋线

动点的运动方向始终与极径保持定角β的动点轨迹，称为对数螺旋线，也称等角螺旋线，如图2－1所示。其极坐标方程为

$$\boldsymbol{r} = r_0 e^{k\theta} \qquad (2-1)$$

式中　k——常数，$k=\cot\beta$；

r_0——起始极径；

θ——极角；

$\boldsymbol{r}$——极径。

其直角坐标方程为

$$\begin{cases} x(\theta) = r_0 e^{k\theta}\cos\theta \\ y(\theta) = r_0 e^{k\theta}\sin\theta \end{cases} \qquad (2-2)$$

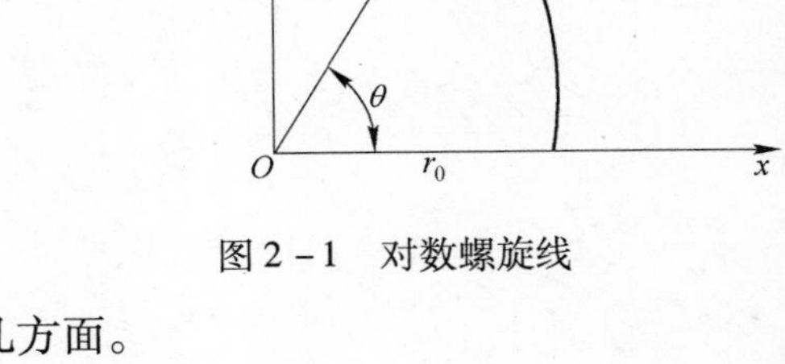

图2－1　对数螺旋线

2.2.2　平面对数螺旋线的几个特性

对数螺旋线的数学特性，主要表现在以下几方面。

2.2.2.1　同一条对数螺旋线上各点螺旋角处处相等

由图2－1以及对数螺旋线的方程可知，动点的运动方向（即曲线的切线方向）与极径所夹的角度β为定值，这个角度称为对数螺旋线的螺旋角，即对数螺旋线上各点的螺旋角处处相等。这是对数螺旋线最重要的性质之一。

2.2.2.2 对数螺旋线和它的等距曲线全等

保持对数螺旋线的螺旋角不变，改变其起始极径 r_0 的大小，则形成一系列的等距对数螺旋线族，它们为全等的对数螺旋线。

如图 2-2 所示，逆时针旋转坐标系形成新坐标系 $O_1-x_1y_1$，顺时针旋转坐标系形成新坐标系 $O_2-x_2y_2$，在新坐标系中原对数螺旋线可表示为：$\boldsymbol{r}_1=r_{10}\mathrm{e}^{k\theta}$ 和 $\boldsymbol{r}_2=r_{20}\mathrm{e}^{k\theta}$，则新形成的两条对数螺旋线与原对数螺旋线形成等距对数螺旋线，并且它们全等。

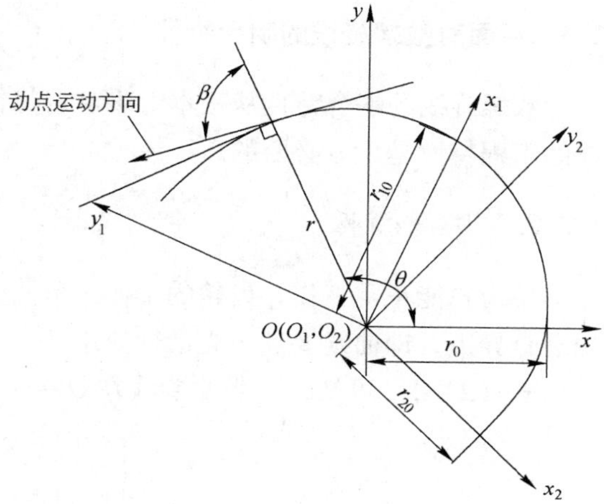

图 2-2 等距对数螺旋线

2.2.2.3 对数螺旋线的保形性

以任一角 θ，在图形上任意截下两个三角扇形，是相似三角扇形，其对应的三边长度成比例，即如图 2-3 所示，下式成立：

$$\frac{r_3}{r_1}=\frac{r_2}{r_0}=\frac{L_{23}}{L_{01}}=\mathrm{e}^{k(\theta+\theta')}$$

利用此性质，用比例作图法可以绘出对数螺旋线，如图 2-4 所示。

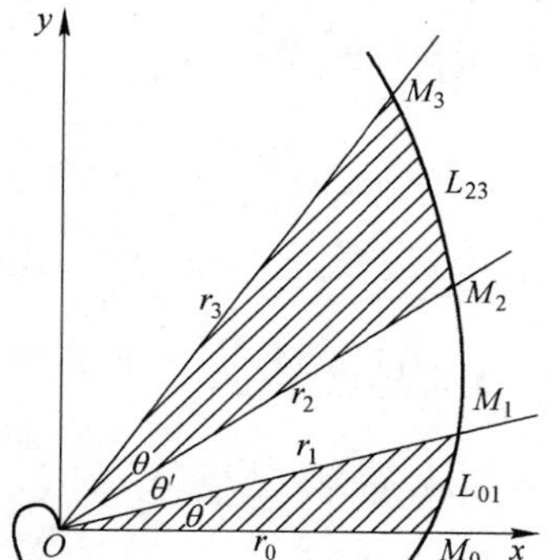

图 2-3 保形性示意图

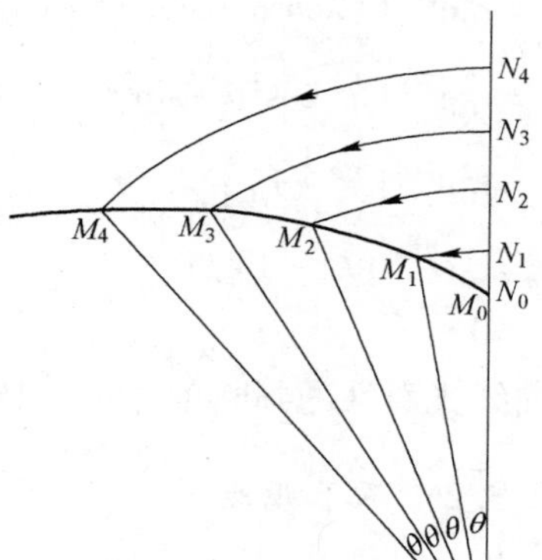

图 2-4 作图法绘制对数螺旋线

2.2.2.4 对数螺旋线相关曲线均为对数螺旋线

与对数螺旋线相关的曲线包括：渐屈线、渐伸线和垂迹线。

（1）渐屈线，对数螺旋线曲率中心的轨迹，称为该对数螺旋线的渐屈线（亦称渐缩线）；

（2）渐伸线，如果曲线 A 是曲线 B 的渐屈线，则称曲线 B 为曲线 A 的一条渐伸线；

（3）垂迹线，在极坐标系下，自极点到对数螺旋线的切线垂足轨迹，称为对数螺旋线的垂迹线。

对数螺旋线的渐屈线、渐伸线和垂迹线均为对数螺旋线。

2.2.3 平面对数螺旋线的啮合特性

对数螺旋线的啮合特性从根本上决定着其在实际应用中的使用价值，因此分析对数螺旋线的工程特性是十分必要的。

2.2.3.1 光滑性

为使齿轮能正常工作，齿轮的工作段节曲线应由简单曲线弧构成，在工作段节曲线上不出现奇异点，即曲线要满足光滑性要求。

由式（2-2）可知，对数螺旋线在 $O-xy$ 平面内的参数方程为

$$\begin{cases} x(\theta)=r_0\mathrm{e}^{k\theta}\cos\theta \\ y(\theta)=r_0\mathrm{e}^{k\theta}\sin\theta \end{cases} \tag{2-3}$$

$x(\theta)$，$y(\theta)$在任意区间内可以连续微分，对曲线上任意点 $M[x(\theta_0),\ y(\theta_0)]$邻域内有

$$\begin{aligned}
& x'(\theta)^2\Big|_{\theta=\theta_0}+y'(\theta)^2\Big|_{\theta=\theta_2} \\
&=[r_0k\mathrm{e}^{k\theta}\cos\theta+r_0\mathrm{e}^{k\theta}(-\sin\theta)]^2\Big|_{\theta=\theta_0}+[r_0k\mathrm{e}^{k\theta}\sin\theta+r_0\mathrm{e}^{k\theta}\cos\theta]^2\Big|_{\theta=\theta_0} \\
&=r_0^2\mathrm{e}^{2k\theta}[(k\cos\theta-\sin\theta)^2+(k\sin\theta+\cos\theta)^2]\Big|_{\theta=\theta_0} \\
&=r_0^2\mathrm{e}^{2k\theta}[k^2\cos^2\theta+\sin^2\theta-2k\sin\theta\cos\theta+k^2\sin^2\theta+2k\sin\theta\cos\theta+\cos^2\theta]\Big|_{\theta=\theta_0} \\
&=r_0^2\mathrm{e}^{2k\theta}[k^2+1]\Big|_{\theta=\theta_0} \\
&=r_0^2\mathrm{e}^{2k\theta_0}[k^2+1] \\
&\neq 0
\end{aligned}$$

由曲线光滑性的判断条件知，对数螺旋线是光滑的，无奇异点存在。

2.2.3.2 不干涉性

齿轮齿廓和齿形曲线作为一条运动曲线，在啮合过程中与另一个共轭齿廓曲线和齿形曲线作相对运动，为了保证能够正常啮合，要求曲线还需满足不干涉性条件。因为两个相啮合齿轮的接触不外乎是两种情况：凸齿廓与凸齿廓接触或凸齿廓与凹齿廓接触，而凹齿廓和凹齿廓显然是不能正常接触的。通常，把凸齿廓的曲率取成负的，把凹齿廓的曲率取成正的。于是，两啮合曲线不发生干涉的条件是

$$k_1+k_2\leqslant 0 \tag{2-4}$$

式中，k_1，k_2 分别是两啮合齿廓的曲率，并规定凹为正，凸为负。

式（2-4）的条件是充分而又必要的，当两个凸曲线接触时，两曲线的曲率之和为

负，小于零，不会发生曲率干涉；当凹、凸曲线接触时，只有凹曲线的曲率值小于凸曲线的曲率的绝对值，才能避免曲率干涉；如果是两个凹曲线，其曲线的曲率和大于零，若要啮合，定将产生干涉。

当选择两条对数螺旋线凸曲线作为齿轮齿廓和齿形曲线相啮合，由于曲线上各点的曲率均为负值，满足不发生干涉的条件，因此不会发生干涉。

2.2.3.3　连续性

为了便于表达曲线的连续接触条件，规定在所讨论的齿廓和齿形曲线上接触点是由根部移向顶部，即向齿顶部移动是正向移动。

对数螺旋线作为齿廓和齿向线具有连续性的条件：

$$\frac{\mathrm{d}\boldsymbol{r}}{\mathrm{d}\theta}\geqslant 0 \tag{2-5}$$

式中　r——齿廓接触点的半径；

　θ——节圆滚过的角度。

由图 2-1 及式（2-1）可知，对数螺旋线有

$$\frac{\mathrm{d}\boldsymbol{r}}{\mathrm{d}\theta}=r_0 k\mathrm{e}^{k\theta} \tag{2-6}$$

不论 θ 为何值，总有

$$\frac{\mathrm{d}\boldsymbol{r}}{\mathrm{d}\theta}>0 \tag{2-7}$$

对数螺旋线满足上述条件，因此，对数螺旋线作为齿廓和齿形曲线具有连续性。

2.2.4　平面对数螺旋线的共轭特性

为进一步明确对数螺旋线作为齿轮齿形曲线的啮合原理，讨论对数螺旋线的共轭问题，根据齿形啮合基本定理：共轭齿形在传动的任一瞬时，它们在接触点的公法线必然通过该瞬时的瞬心点 P，P 在连心线 O_1O_2 上，而

$$\frac{O_1P}{O_2P}=\frac{r_2}{r_1}=\frac{\omega_1}{\omega_2}=i_{12} \tag{2-8}$$

当传动比 i_{12}是常值时，P 点在连心线 O_1O_2 上的位置是固定的，共轭齿形在接触点的公法线是通过一个定点（节点）P 的。

当传动比 i_{12}是变数时，P 点在连心线 O_1O_2 上往复的移动，此时共轭齿形在接触点的公法线是通过变动的节点 P 的。

在以上认识的基础上，根据共轭齿形包络方法的原理作以下阐述。

设想齿轮Ⅱ固定不动，把瞬心线 1 在瞬心线 2 上纯滚动（图 2-5），齿形 1 就在齿轮Ⅱ的平面上形成曲线族。由于齿形 2 与齿形 1 在每个瞬时都是相切接触的，从数学上讲，齿形 2 就应是齿形 1 形成的曲线族的包络。用这个原理，可以由齿轮副的运动规律及齿形 1 求得齿形 2，这种方法称为包络法。

由一个齿轮的齿形包络出另一个齿轮的齿形这种现象，在用展成法加工齿轮时可以观察得很清楚，例如，在插齿时，把插齿刀的齿形（包括侧刃与顶刃）作为齿形 1，在展成过程中，它就逐步地包络出工件的齿形 2。

利用包络法求解对数螺旋线的共轭曲线，方法如下：

如图 2-6 所示，设坐标系 $O_1-x_1y_1z_1$ 中对数螺旋线 1 的参数方程：

$$\begin{cases}x_1(\theta)=r_0e^{k\theta}\cos\theta\\y_1(\theta)=r_0e^{k\theta}\sin\theta\end{cases}\tag{2-9}$$

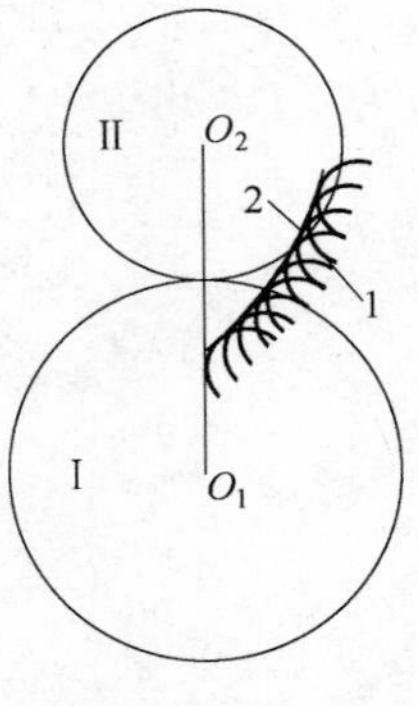

图 2-5　包络法求共轭齿形

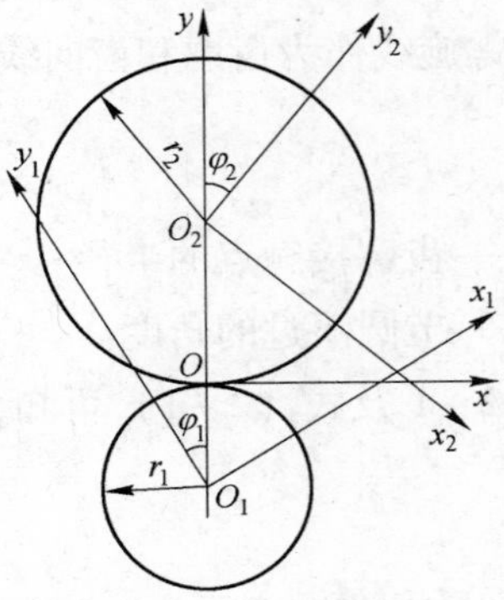

图 2-6　共轭分析坐标系

即：

$$\begin{Bmatrix}x_2\\y_2\end{Bmatrix}=M_{21}\begin{Bmatrix}x_1\\y_1\end{Bmatrix}\tag{2-10}$$

其中坐标变换公式为

$$M_{21}=\begin{vmatrix}\cos(\varphi_1+\varphi_2) & -\sin(\varphi_1+\varphi_2)\\\sin(\varphi_1+\varphi_2) & \cos(\varphi_1+\varphi_2)\end{vmatrix}$$

由式（2-10）得，坐标系 $O_2-x_2y_2z_2$ 中对数螺旋线 1 的参数方程为

$$\begin{Bmatrix}x_2\\y_2\end{Bmatrix}=\begin{bmatrix}\cos(\varphi_1+\varphi_2) & -\sin(\varphi_1+\varphi_2)\\\sin(\varphi_1+\varphi_2) & \cos(\varphi_1+\varphi_2)\end{bmatrix}\begin{bmatrix}x_1\\y_1\end{bmatrix}\tag{2-11}$$

式中

$$\frac{\varphi_1}{\varphi_2}=i_{12}$$

将式（2-9）代入式（2-11）得齿形曲线族在坐标系 $O_2-x_2y_2z_2$ 中的方程式（即共轭曲线 2 的包络曲线族）为

$$\begin{Bmatrix}x_2\\y_2\end{Bmatrix}=\begin{bmatrix}\cos(\varphi_1+i_{21}\varphi_1) & -\sin(\varphi_1+i_{21}\varphi_1)\\\sin(\varphi_1+i_{21}\varphi_1) & \cos(\varphi_1+i_{21}\varphi_1)\end{bmatrix}\begin{bmatrix}r_0e^{k\theta}\cos\theta\\r_0e^{k\theta}\sin\theta\end{bmatrix}\tag{2-12}$$

为了求出这个曲线族的包络，即共轭曲线 2，必须求出 θ 和 φ_1 的关系，即

$$f(\theta,\varphi_1)=0 \tag{2-13}$$

式（2－12）又可变为如下形式：

$$\begin{cases} x_2=r_0\mathrm{e}^{k\theta}\sin\theta\cos[\varphi_1(\theta)+i_{21}\varphi_1(\theta)]-r_0\mathrm{e}^{k\theta}\cos\theta\sin[\varphi_1(\theta)+i_{21}\varphi_1(\theta)] \\ y_2=r_0\mathrm{e}^{k\theta}\cos\theta\sin[\varphi_1(\theta)+i_{21}\varphi_1(\theta)]+r_0\mathrm{e}^{k\theta}\sin\theta\cos[\varphi_1(\theta)+i_{21}\varphi_1(\theta)] \end{cases} \tag{2-14}$$

设曲线族包络线的向量为

$$\boldsymbol{R}_2=\boldsymbol{R}_2[\theta,\ \boldsymbol{j}_1(\theta)] \tag{2-15}$$

则接触点沿式（2－14）或式（2－15）表示的包络线移动速度矢量由下式确定：

$$\dot{\boldsymbol{R}}_2=\left(\frac{\partial\boldsymbol{R}_2}{\partial\theta}+\frac{\partial\boldsymbol{R}_2}{\partial\varphi_1}\cdot\frac{\mathrm{d}\varphi_1}{\mathrm{d}\theta}\right)\cdot\frac{\mathrm{d}\theta}{\mathrm{d}t} \tag{2-16}$$

在式（2－12）中，若 φ_1 为定值时，式（2－12）表示构件 1 上的齿形沿该齿廓移动速度矢量。由下面的方程式确定：

$$\dot{\boldsymbol{R}}_2=\frac{\partial\boldsymbol{R}_2}{\partial\theta}\cdot\frac{\mathrm{d}\theta}{\mathrm{d}t} \tag{2-17}$$

在被包络曲线的接触点，式（2－16）、式（2－17）表示的速度矢量应该共线，所以

$$\frac{\partial\boldsymbol{R}_2}{\partial\theta}+\frac{\partial\boldsymbol{R}_2}{\partial\varphi_1}\cdot\frac{\mathrm{d}\varphi_1}{\mathrm{d}\theta}=\lambda\frac{\partial\boldsymbol{R}_2}{\partial\theta} \tag{2-18}$$

经变换得

$$\frac{\dfrac{\partial x_2}{\partial\theta}}{\dfrac{\partial x_2}{\partial\varphi_1}}=\frac{\dfrac{\partial y_2}{\partial\theta}}{\dfrac{\partial y_2}{\partial\varphi_1}} \tag{2-19}$$

由式（2－19）可得到参数 φ_1 和 θ 的关系式：

$$\tan\theta\ \tan(\varphi_1+i_{21}\varphi_1)=1 \tag{2-20}$$

联立式（2－14）及式（2－20），可得共轭曲线的方程式为

$$\begin{cases} x_2=r_0\mathrm{e}^{k\theta}\cos(\varphi_1+i_{21}\varphi_1)(\sin\theta\tan\theta-\cos\theta) \\ y_2=r_0\mathrm{e}^{k\theta}\sin(\varphi_1+i_{21}\varphi_1)(\sin\theta\tan\theta+\cos\theta) \end{cases} \tag{2-21}$$

由联立式的形式可以得出结论：对数螺旋线的共轭曲线也为对数螺旋线。

2.3 圆锥对数螺旋线

由微分几何可知，凡曲率与挠率之比为常数的曲线称为一般螺旋线。圆柱螺旋线就具有这样的性质，它与母线的夹角为定值，这类曲线又称为定倾曲线。这种特性在圆锥面上形成的螺旋线也同样成立，在圆锥上形成的定倾曲线为圆锥对数螺旋线。

2.3.1 圆锥对数螺旋线方程

设正圆锥面上有动点 M，它由 M_0 运动到 M_1 时，在锥面上转过一个 τ 角，当动点由 M_1 转到 M_2 时在锥面上变化一个 $\mathrm{d}\tau$ 角，则 M_1 点到原点（锥顶）的矢径 $\boldsymbol{r}$ 也相应增大 $\mathrm{d}r$，

如图 2－7 所示，当 $d\tau \to 0$，则$\overline{M_1N} = \overset{\frown}{M_1N}$，$\overline{M_1M_2} = \overset{\frown}{M_1M_2}$，此时$\overline{M_1M_2}$直线方向也就是$\overset{\frown}{M_1M_2}$的切线方向，它与母线的夹角 β 就代表曲线该点的倾角。设圆锥面上曲线 M_0M_2 在任何一点处，它与母线的夹角 β 为定值，即可推导出此曲线的表达式。

由图 2－7 可知，$OM_1 = ON = \boldsymbol{r}$，$\overset{\frown}{M_1N} = \boldsymbol{r}d\tau$，从直角三角形 M_1NM_2 中得到：

$$\tan\beta = \frac{M_1N}{M_2N} = \frac{\boldsymbol{r}d\tau}{d\boldsymbol{r}}$$

经整理得：

$$\cot\beta d\boldsymbol{\tau} = \frac{d\boldsymbol{r}}{\boldsymbol{r}} \tag{2-22}$$

将式（2－22）两边同时积分

$$\int\cot\beta d\tau = \int\frac{d\boldsymbol{r}}{\boldsymbol{r}}$$

$$\ln\boldsymbol{r} = \cot\beta\tau + c \tag{2-23}$$

将式（2－23）由对数函数换成指数函数得：

$$\boldsymbol{r} = ae^{\tau\cot\beta} \tag{2-24}$$

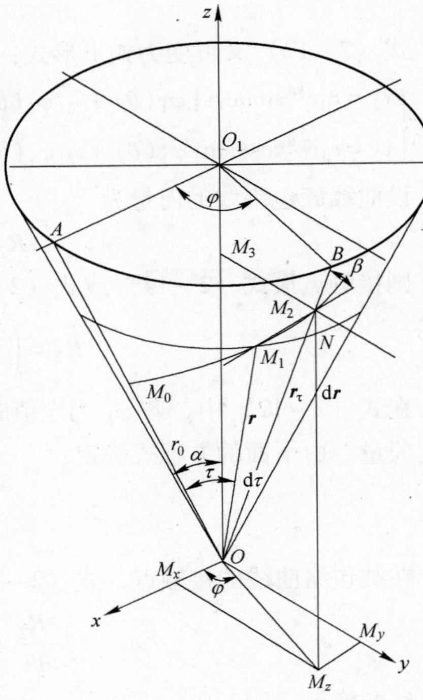

图 2－7　圆锥对数螺旋线

式中，$a = e^c$，c 为积分常数。

当 M 点由 M_0 运动到 M_2 时，在圆锥面变化一个 $d\tau$ 角，对应于圆锥轴线转过一个 φ 角（见图 2－7），在 AO_1B 扇形上有：$\overset{\frown}{AB} = O_1A \times \varphi$；在 AOB 锥面上，如将它展成平面也是一个扇形，则有：$\overset{\frown}{AB} = AO \times \tau$，所以有：$O_1A \times \varphi = AO \times \tau$，或 $\tau = \dfrac{O_1A}{OA} \times \varphi$，从$\triangle O_1AO$ 可知：$\sin\alpha = \dfrac{O_1A}{OA}$，其中 α 角是圆锥的锥顶半角。

所以：

$$\tau = \sin\alpha\varphi \tag{2-25}$$

将式（2－25）代入式（2－24）得：

$$\boldsymbol{r} = ae^{\varphi\sin\alpha\cot\beta} \tag{2-26}$$

式（2－26）中除 φ 为参变量之外，其余 α、β、a 均为常数。并令 $m = \sin\alpha\cot\beta$，则式（2－26）简化为：

$$\boldsymbol{r} = ae^{m\varphi} \tag{2-27}$$

式（2－27）为圆锥对数螺旋线的矢径方程，把它化为参数方程则有：

$$\begin{cases} x = OM_x = ae^{m\varphi}\sin\alpha\cos\varphi \\ y = OM_y = ae^{m\varphi}\sin\alpha\sin\varphi \\ z = OM_z = ae^{m\varphi}\cos\alpha \end{cases} \tag{2-28}$$

将式（2－28）中常量简化，并令：$n = a\sin\alpha$，$b = a\cos\alpha$，则有：

$$\begin{cases} x = ne^{m\varphi}\cos\varphi \\ y = ne^{m\varphi}\sin\varphi \\ z = be^{m\varphi} \end{cases} \tag{2-29}$$

式（2-29）是圆锥对数螺旋线的参数方程。

由式（2-27）可知，当 $\varphi = 0$ 时，$r_0 = a$，即圆锥对数螺旋线的起点不在坐标原点（即不在锥顶），曲线的起始点距离锥顶为 a。

当动点 M 在锥面上转动一周时，$\varphi = 2\pi$，它在锥面上前进之距（导程）$r_1 = ae^{2-m}$，当 M 点转动两周时，圆锥对数螺旋的螺距为：$r_2 = ae^{4-m}$，很显然它的螺距是变数，而且螺距的增加不是简单地成正比例增加，而是成几何级数增加。

2.3.2 圆锥对数螺旋线的特性

圆锥对数螺旋线具有如下性质。

（1）圆锥对数螺旋线在 xOy 平面上的投影曲线为平面对数螺旋线。

圆锥对数螺旋线在平面 xOy 上的投影，z 坐标为 0，圆锥对数螺旋线在 xOy 平面上的参数方程为：

$$\begin{cases} x = ne^{m\varphi}\cos\varphi \\ y = ne^{m\varphi}\sin\varphi \end{cases} \tag{2-30}$$

将上式转化为极坐标得：

$$\boldsymbol{r} = ne^{m\varphi} \tag{2-31}$$

式（2-31）表示一条平面对数螺旋线方程。由此得出结论：圆锥对数螺旋线的平面投影为平面对数螺旋线。

（2）圆锥对数螺旋线的切向量与圆锥母线的夹角为定角。

（3）圆锥对数螺旋线上任一点的曲率与该点到回转轴的距离成反比。

（4）圆锥对数螺旋线上任一点的挠率与该点到回转轴的距离成反比。

（5）圆锥对数螺线的曲率和挠率都与弧长的一次函数成反比。

第3章 圆锥对数螺旋齿轮啮合理论

3.1 对数螺旋锥齿轮的齿面方程

齿面方程的建立是齿轮啮合原理研究的基础，在啮合理论中占有重要地位。本章在第2章对数螺旋线在平面和空间研究的基础上，通过分析锥齿轮传动的空间几何关系，研究对数螺旋锥齿轮齿面的形成原理，建立对数螺旋锥齿轮的齿面方程，并求解齿面的诱导法曲率。

3.1.1 锥齿轮传动的空间几何分析

相互共轭的一对齿轮传动均可以被看做是两齿轮的瞬轴面做相互的纯滚动运动，而对于锥齿轮传动，其瞬轴面就是其节锥面，即由瞬时回转轴 OP 绕各自轴线回转形成相切的一对回转节锥面。这里假设存在一个以锥顶 O 为球心，以母线 OP 为半径的球，则两节锥就会与球面相交形成两个互切的节圆，如图 3－1 所示。为了更好地分析锥齿轮的空间啮合几何关系，绘成构造图 3－2。在图 3－2 上，通过两个节锥的公共母线 OP 并和两个位于节锥之内、被称为基锥的圆锥相切的平面 Q，称为圆锥齿轮的啮合面。啮合面 Q 与通过公共母线 OP 并和两节锥面相切的平面间的夹角 β（见图 3－4）称为啮合角。两节圆相切的点 P 称节点。

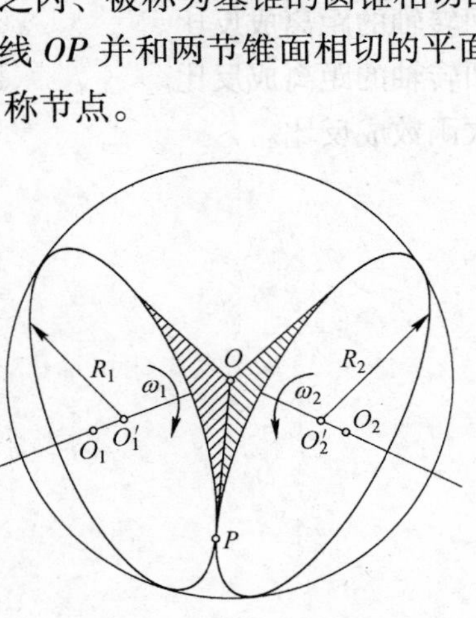

图 3－1　共轭节锥与共轭节曲线

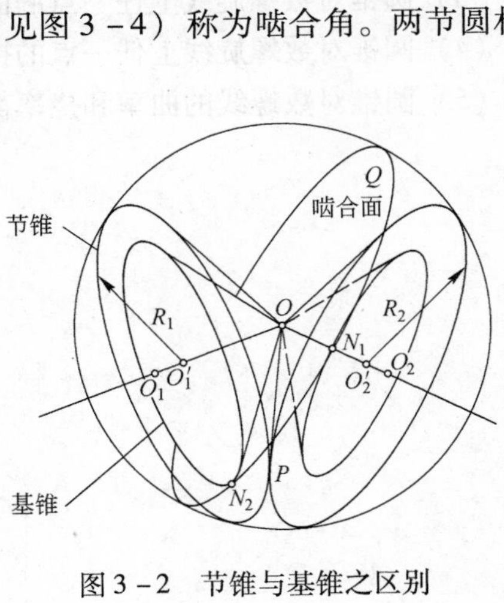

图 3－2　节锥与基锥之区别

如图 3－3 所示，平面 Q 在被称为圆锥齿轮基锥的圆锥 K 上滚动。由于锥顶 O 在滚动中位置不变，故当平面 Q 在圆锥表面上滚动一周时，圆锥母线在平面 Q 上的轨迹是一大圆，其半径 r 等于圆锥母线的长度 OC。设在开始滚动时，Q 与 K 在圆锥母线 OC 处相切，此时平面 Q 上的线段 OA 与 OC 重合。当平面与圆锥之切线滚过一角度 μ 时，圆锥母线则由 OC 转过一角度 φ 而占据了 ON_1 的位置，此时 A 点在空间便画出了一条渐开线 CA。而 OA 线段在空间则画出了一渐开线锥面，它就是直齿圆锥齿轮的齿廓表面。由于锥母线 ON_1（或 OC 以及与之对应的线段 OA）的长度在平面 Q 沿基锥 K 滚动时是不变的，因此 A 点（以及 OA 上之任何一点）画出的渐开线是在球面上（见图 3－3），称为球面渐开线；而 OA 线则画出了球面渐开线锥面。

当沿着两节锥的公共母线 OP 的方向去看两个滚动的节锥时，图 3－2 便变成了图 3－4，这时 OP 的投影成了一点，而与两基锥相切的啮合面 Q 的投影就成了 N_1N_2 线，通过公共母线 OP 并和两节锥相切的平面的投影是 FF'。FF' 与 N_1N_2 的夹角 β 就是圆锥齿轮传动的啮合角。当啮合面分别沿着两个基锥滚动时，P 点则分别对两个基锥各形成了一条球面渐开线，面线段 OP 则分别对两个基锥各形成了一个球面渐开线锥面，这一对球面渐开线锥面，就是直齿圆锥齿轮啮合时的共轭齿廓表面，它们沿 OP 线相切。啮合面（图 3－4 上的 N_1N_2）就是两个齿廓表面（或球面渐开线锥面）在相切处的公共法面，而啮合面与以 OP 为半径的球面的交线 N_1PN_2（见图 3－2 及图 3－4），就是 P 点所形成的一对共轭的球面渐开线的啮合线，它是球面上的一段以 OP 为半径的圆弧。和在圆柱齿轮传动时各对齿的接触点总是落在啮合线上一样的道理，在圆锥齿轮传动中，各对共轭的球面渐开线齿廓的接触点，在啮合过程中总是平稳地沿着这条在球面上的啮合线前进。

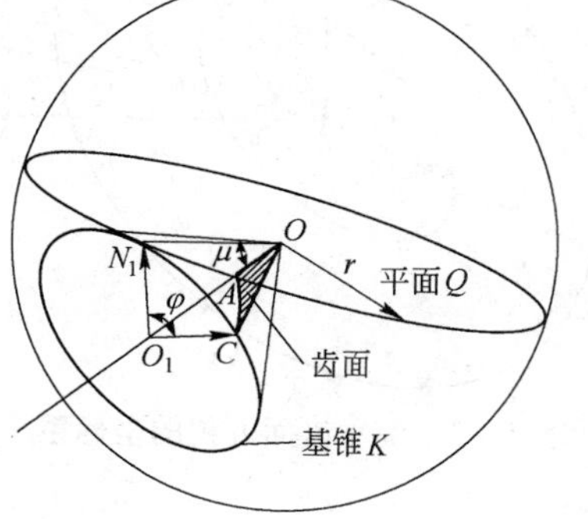

图 3－3 球面渐开线锥表面的形成

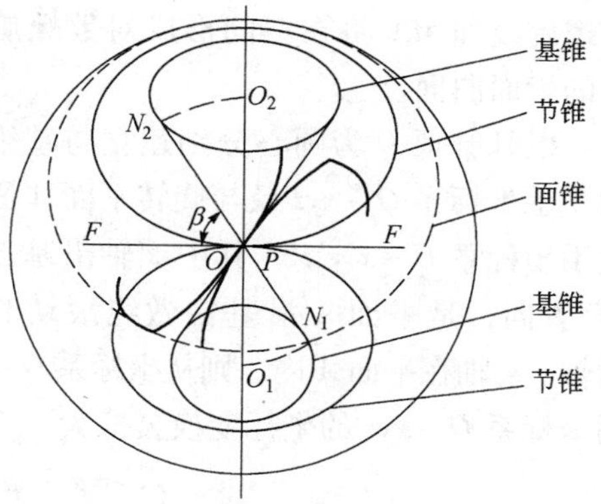

图 3－4 共轭齿面的形成原理

各种轮齿形状的圆锥齿轮齿廓表面的形成原理也和斜齿圆柱齿轮齿廓表面的形成原理相类似。如果在啮合面 Q 上（图 3－2）以其他线段来代替公共母线 OP，若以斜线段或其他曲线如圆弧、渐开线或外摆线来代替 OP，则在啮合面 Q 绕基锥滚动时，得到的将不是直齿锥齿轮的齿廓表面，而是斜齿锥齿轮、圆弧齿锥齿轮、渐开线齿形或外摆线齿形的圆锥齿轮的齿廓表面。它们的齿廓表面也都是球面渐开线锥面。

3.1.2 对数螺旋锥齿轮齿面的形成原理

斜齿圆柱齿轮齿廓表面的形成可以看做是一个平面（啮合面）沿基圆柱作纯滚动时，

平面上任意一条不与基圆柱轴线平行的直线在空间走过的轨迹。而各种类型的圆锥齿轮齿廓表面的形成原理也与其相似，可以看做是其啮合面沿基锥做纯滚动时，其上任意一条回转中心在啮合面中心的曲线在空间运动所形成的曲面。如将这条曲线取为对数螺旋线，那么形成的曲面便是对数螺旋锥齿轮齿面，如图 3－5、图 3－6 所示。

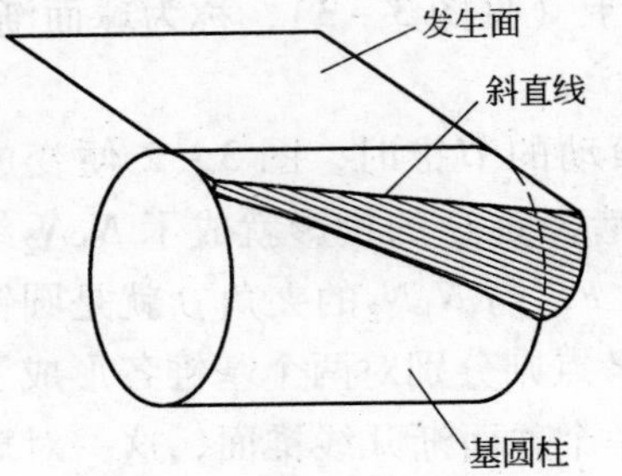

图 3－5 圆柱螺旋面的形成原理

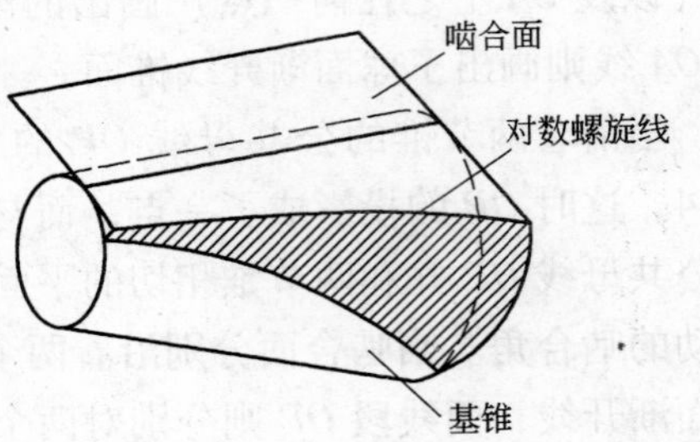

图 3－6 螺旋锥齿轮齿面的形成原理

3.1.3 对数螺旋锥齿轮齿面方程

如图 3－7 所示，平面 Q 与半锥顶角为 α 的基锥 K 相切于 OP，当平面 Q 沿基锥面 K 作纯滚动时，平面上任一回转中心在 O 的对数螺旋线如 MN 将在空间形成对数螺旋锥齿轮的齿面曲面。

以基锥顶 O 为圆心分别建立与基锥固连的左手坐标系 $O-xyz$ 及与旋转平面 A 固连的左手坐标系 $O-x'y'z'$，其中 z' 轴沿基锥母线 OP 方向，是平面 A 沿基锥做纯滚动时的瞬时轴，x' 轴在平面 A 内。则从坐标系 $O-x'y'z'$ 到坐标系 $O-xyz$ 的坐标变换公式为

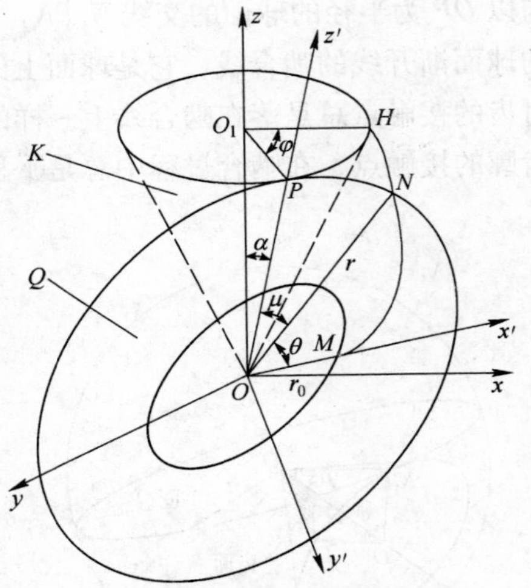

图 3－7 确立齿面方程的坐标系

$$\begin{cases} x' = x\sin\varphi - y\cos\varphi \\ y' = x\cos\alpha\cos\varphi + y\cos\alpha\sin\varphi - z\sin\alpha \\ z' = x\sin\alpha\cos\varphi + y\sin\alpha\sin\varphi + z\cos\alpha \end{cases} \tag{3-1}$$

又因为在平面 $x'Oz'$ 中，对数螺旋线 MN 的方程为

$$\begin{cases} x' = r_0 e^{k\theta}\cos\theta \\ y' = 0 \\ z' = r_0 e^{k\theta}\sin\theta \end{cases} \tag{3-2}$$

式中，$k = \cot\beta$。

则含未知数 θ 的对数螺旋锥齿轮齿面不完全方程为

$$\begin{cases} r_0 e^{\beta\theta}\cos\theta = x\sin\varphi - y\cos\varphi \\ 0 = x\cos\alpha\cos\varphi + y\cos\alpha\sin\varphi - z\sin\alpha \\ r_0 e^{\beta\theta}\sin\theta = x\sin\alpha\cos\varphi + y\sin\alpha\sin\varphi + z\cos\alpha \end{cases} \tag{3-3}$$

上述锥齿轮齿面方程中基锥角 α 为未知数，因此必须求出基锥角 α 才能完全确定齿面方程。

由于基锥位于节锥之内，因此基锥角 α 小于节锥角 γ，所以在基锥外所形成的以对数螺旋线为节曲线，以球面渐开线为齿廓曲线的齿面必与节锥表面相交，根据螺旋锥齿轮螺旋角的定义可知，这两个相交曲面的切面之间的交角或它们的法面之间的交角为该啮合点处的螺旋角 β，如图 3-8 所示。并且由球面渐开线齿廓的形成原理可知 O_1、N_1、P 为球面上三点，因此它们构成了球面三角形 O_1N_1P，由球面三角学的正弦公式有：$\sin\alpha = \sin\beta\sin\gamma$，则由该式可得：

$$\alpha = \arcsin(\sin\beta\sin\gamma) \tag{3-4}$$

式中，β 可通过设计选定，γ 可通过啮合理论求得。由此可得对数螺旋锥齿轮的齿面方程为

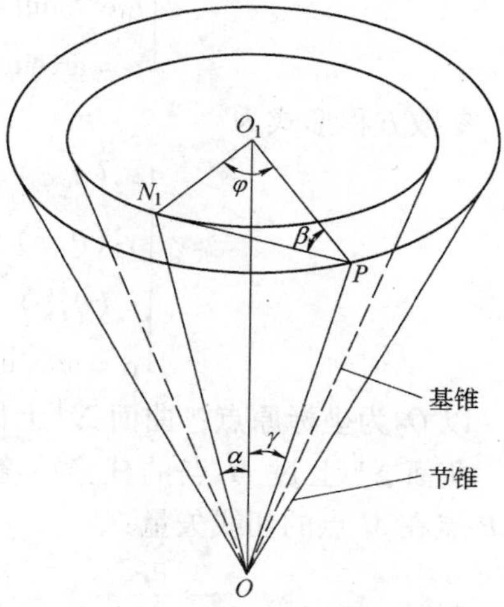

图 3-8 基锥与节锥的关系

$$\begin{cases} r_0 e^{\beta\theta}\cos\theta = x\sin\varphi - y\cos\varphi \\ 0 = x\cos\alpha\cos\varphi + y\cos\alpha\sin\varphi - z\sin\alpha \\ r_0 e^{\beta\theta}\sin\theta = x\sin\alpha\cos\varphi + y\sin\alpha\sin\varphi + z\cos\alpha \\ \alpha = \arcsin(\sin\beta\sin\gamma) \end{cases} \tag{3-5}$$

为使用方便，一并给出该齿面方程的向量形式，分析如下。

设对应于 $O-x'y'z'$ 中对数螺旋锥齿轮齿面上任意点 M_0 的矢量为 $\boldsymbol{R}^{(1)}$，对应于坐标系 $O-xyz$ 中点 M_0 的矢量为 $\boldsymbol{R}^{(3)}$，由坐标变换公式可知：

$$\boldsymbol{R}^{(3)} = \tilde{K}(\varphi - \frac{\pi}{2})\tilde{I}_{-\alpha}\boldsymbol{R}^{(1)}$$

即：

$$\boldsymbol{R}^{(1)} = \tilde{K}(-\varphi + \frac{\pi}{2})\tilde{I}_{\alpha}\boldsymbol{R}^{(3)} \tag{3-6}$$

由齿面方程（3-3）可得

$$\boldsymbol{R}^{(1)} = (r_0 e^{\beta\theta}\cos\theta)\boldsymbol{i}' + (r_0 e^{\beta\theta}\sin\theta)\boldsymbol{k}' \tag{3-7}$$

将式（3-6）代入式（3-5）得对数螺旋锥齿轮齿面方程的向量形式为

$$\begin{aligned} \boldsymbol{R}^{(3)} = {} & (r_0 e^{\beta\theta}\cos\theta\sin\varphi + r_0 e^{\beta\theta}\sin\theta\cos\varphi\sin\alpha)\boldsymbol{i} + \\ & (r_0 e^{\beta\theta}\sin\theta\sin\varphi\sin\alpha - r_0 e^{\beta\theta}\cos\theta\cos\varphi)\boldsymbol{j} + \\ & (r_0 e^{\beta\theta}\sin\theta\cos\alpha)\boldsymbol{k} \end{aligned} \tag{3-8}$$

式中，$\alpha = \arcsin(\sin\beta\sin\gamma)$。

3.1.4 啮合齿面的诱导法曲率

如图 3－9 所示，右手坐标系下的齿面方程为

$$\begin{cases}0 = x\cos\alpha\sin\varphi + y\cos\alpha\cos\varphi - z\sin\alpha \\ r_0 e^{\beta\theta}\cos\theta = -x\cos\varphi + y\sin\varphi \\ r_0 e^{\beta\theta}\sin\theta = x\sin\alpha\sin\varphi + y\sin\alpha\cos\varphi + z\cos\alpha \\ \alpha = \arcsin(\sin\beta\sin\gamma)\end{cases} \tag{3-9}$$

参数方程形式为

$$\begin{cases}x_2(\theta,\varphi) = -r_0 e^{\beta\theta}(\cos\theta\cos\varphi - \sin\theta\sin\alpha\sin\varphi) \\ y_2(\theta,\varphi) = r_0 e^{\beta\theta}(\cos\theta\sin\varphi + \sin\theta\sin\alpha\cos\varphi) \\ z_2(\theta,\varphi) = r_0 e^{\beta\theta}\sin\theta\cos\alpha \\ \alpha = \arcsin(\sin\beta\sin\gamma)\end{cases} \tag{3-10}$$

以 O_2 为坐标原点：曲面 $\boldsymbol{\Sigma}^{\mathrm{II}}$ 上任意一点 M 的矢径为 $\boldsymbol{r}$。

曲面 $\boldsymbol{\Sigma}^{\mathrm{II}}$ 上过 M 点的任意一条曲线为 P，则 P 点在 M 点的切线矢量：

$$\boldsymbol{\tau} = \frac{\mathrm{d}\boldsymbol{r}}{\mathrm{d}s} \tag{3-11}$$

式中　s——P 的弧长参数；

$\boldsymbol{\tau}$——单位矢量。

设曲面 $\boldsymbol{\Sigma}^{\mathrm{II}}$ 在 M 点的单位法矢量为 $\boldsymbol{n}$，则

$$k = -\frac{\mathrm{d}\boldsymbol{r}\mathrm{d}\boldsymbol{n}}{(\mathrm{d}s)^2}$$

为曲面 $\boldsymbol{\Sigma}^{\mathrm{II}}$ 在 M 点沿 τ 方向的法曲率。

因为曲线 Σ^{II} 上任意一点的法线矢量：

$$\boldsymbol{n} = n_{x_2}\boldsymbol{i}_2 + n_{y_2}\boldsymbol{j}_2 + n_{z_2}\boldsymbol{k}_2 \tag{3-12}$$

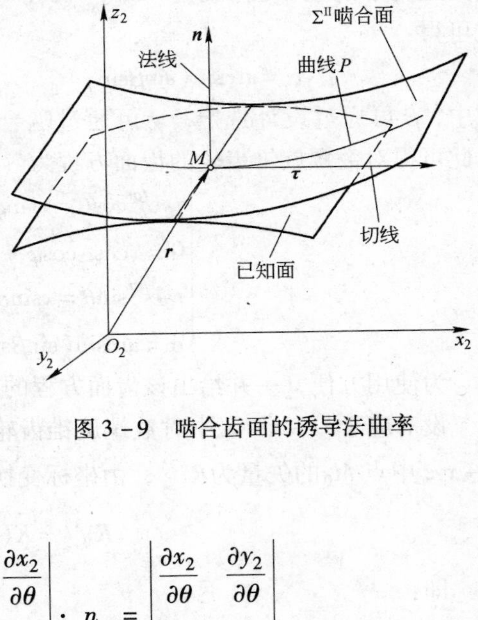

图 3－9　啮合齿面的诱导法曲率

其中

$$n_{x_2} = \begin{vmatrix}\dfrac{\partial y_2}{\partial\theta} & \dfrac{\partial z_2}{\partial\theta} \\ \dfrac{\partial y_2}{\partial\varphi} & \dfrac{\partial z_2}{\partial\varphi}\end{vmatrix};\quad n_{y_2} = \begin{vmatrix}\dfrac{\partial z_2}{\partial\theta} & \dfrac{\partial x_2}{\partial\theta} \\ \dfrac{\partial z_2}{\partial\varphi} & \dfrac{\partial x_2}{\partial\varphi}\end{vmatrix};\quad n_{z_2} = \begin{vmatrix}\dfrac{\partial x_2}{\partial\theta} & \dfrac{\partial y_2}{\partial\theta} \\ \dfrac{\partial x_2}{\partial\varphi} & \dfrac{\partial y_2}{\partial\varphi}\end{vmatrix}$$

则 M 点单位法矢量为

$$\boldsymbol{N} = \frac{\boldsymbol{n}}{|\boldsymbol{n}|} = \frac{\boldsymbol{n}}{\sqrt{n_{x_2}^2 + n_{y_2}^2 + n_{z_2}^2}} \tag{3-13}$$

$$\frac{\partial y_2}{\partial\theta} = r_0\beta e^{\beta\theta}(\cos\theta\sin\varphi + \sin\theta\cos\varphi\ \sin\alpha) + r_0\beta e^{\beta\theta}(\cos\theta\sin\alpha\cos\varphi - \sin\theta\sin\varphi)$$

$$\frac{\partial x_2}{\partial\theta} = -r_0\beta e^{\beta\theta}(\cos\theta\cos\varphi - \sin\theta\sin\alpha\sin\varphi) + r_0\beta e^{\beta\theta}(\sin\theta\cos\varphi + \cos\theta\sin\alpha\sin\varphi)$$

$$\frac{\partial z_2}{\partial \theta}=r_0\beta e^{\beta\theta}\sin\theta\cos\alpha+r_0 e^{\beta\theta}\cos\theta\cos\alpha$$

$$\frac{\partial y_2}{\partial \varphi}=r_0 e^{\beta\theta}(\cos\theta\cos\varphi-\sin\theta\sin\alpha\sin\varphi)$$

$$\frac{\partial z_2}{\partial \varphi}=0$$

$$\frac{\partial x_2}{\partial \varphi}=r_0 e^{\beta\theta}(\cos\theta\sin\varphi+\sin\theta\sin\alpha\cos\varphi)$$

由此：

$$\begin{aligned}
n_{x_2}&=-\frac{\partial z_2}{\partial \theta}\cdot\frac{\partial y_2}{\partial \varphi}\\
&=-(r_0\beta e^{\beta\theta}\sin\theta\cos\alpha+r_0 e^{\beta\theta}\cos\theta\cos\alpha)r_0 e^{\beta\theta}(\cos\theta\cos\varphi-\sin\theta\sin\alpha\sin\varphi)\\
&=-r_0^2 e^{2\beta\theta}(\beta\cos\alpha\sin\theta+\cos\alpha\cos\theta)(\cos\theta\cos\varphi-\sin\theta\sin\alpha\sin\varphi)
\end{aligned}$$

$$\begin{aligned}
n_{y_2}&=\frac{\partial z_2}{\partial \theta}\cdot\frac{\partial x_2}{\partial \varphi}\\
&=(r_0\beta e^{\beta\theta}\sin\theta\cos\alpha+r_0 e^{\beta\theta}\cos\theta\cos\alpha)r_0 e^{\beta\theta}(\cos\theta\sin\varphi+\sin\theta\sin\alpha\cos\varphi)\\
&=r_0^2 e^{2\beta\theta}(\beta\sin\theta\cos\alpha+\cos\theta\cos\alpha)(\cos\theta\sin\varphi+\sin\theta\sin\alpha\cos\varphi)
\end{aligned}$$

$$\begin{aligned}
n_{z_2}&=\frac{\partial x_2}{\partial \theta}\cdot\frac{\partial y_2}{\partial \varphi}-\frac{\partial y_2}{\partial \theta}\cdot\frac{\partial x_2}{\partial \varphi}\\
&=r_0 e^{\beta\theta}(\sin\theta\cos\varphi+\cos\theta\sin\alpha\sin\varphi-\beta\cos\theta\cos\varphi+\beta\sin\theta\sin\alpha\sin\varphi)r_0 e^{\beta\theta}(\cos\theta\cos\varphi-\sin\theta\sin\alpha\sin\varphi)-\\
&\quad r_0 e^{\beta\theta}(\cos\theta\sin\alpha\cos\varphi-\sin\theta\sin\varphi+\beta\cos\theta\sin\varphi+\beta\sin\theta\sin\alpha\cos\varphi)r_0 e^{\beta\theta}(\cos\theta\sin\varphi+\sin\theta\sin\alpha\cos\varphi)\\
&=r_0^2 e^{2\beta\theta}[(\sin\theta\cos\varphi+\cos\theta\sin\alpha\sin\varphi-\beta\cos\theta\cos\varphi+\beta\sin\theta\sin\alpha\sin\varphi)(\cos\theta\cos\varphi-\sin\theta\sin\alpha\sin\varphi)-\\
&\quad(\cos\theta\sin\alpha\cos\varphi-\sin\theta\sin\varphi+\beta\cos\theta\sin\varphi+\beta\sin\theta\sin\alpha\cos\varphi)(\cos\theta\sin\varphi+\sin\theta\sin\alpha\cos\varphi)]\\
&=(\sin\theta\cos\theta-\sin\theta\cos\theta\sin^2\alpha-\beta\cos^2\theta-\beta\sin^2\theta\sin^2\alpha)r_0^2 e^{2\beta\theta}\\
&=(\sin\theta\cos\theta\cos^2\alpha-\beta\cos^2\theta-\beta\sin^2\theta\sin^2\alpha)r_0^2 e^{2\beta\theta}
\end{aligned}$$

求解出$\boldsymbol{n}$

$$|\boldsymbol{n}|^2=n_{x_2}^2+n_{y_2}^2+n_{z_2}^2 \tag{3-14}$$

经计算：

$$\begin{aligned}
|\boldsymbol{n}|^2&=[(\beta\sin\theta\cos\alpha+\cos\alpha\cos\theta)^2(\sin\varphi\sin\theta\sin\alpha-\cos\theta\cos\varphi)^2+\\
&\quad\cos^2\alpha(\sin\theta\sin\alpha\cos\varphi+\cos\theta\sin\varphi)^2(\beta\sin\theta+\cos\theta)^2+\\
&\quad(\cos^2\theta\beta-\sin\theta\cos\theta\cos^2\alpha+\sin^2\theta\beta\sin^2\alpha)^2]r_0^4 e^{4\beta\theta}
\end{aligned} \tag{3-15}$$

所以

$$\boldsymbol{N}=\frac{\boldsymbol{n}}{\sqrt{|\boldsymbol{n}|^2}}=n_x\boldsymbol{i}+n_y\boldsymbol{j}+n_z\boldsymbol{k} \tag{3-16}$$

$$\begin{cases}
n_x=\dfrac{\boldsymbol{n}_x^{\mathrm{II}}}{|\boldsymbol{n}^{\mathrm{II}}|}\\[2ex]
n_y=\dfrac{\boldsymbol{n}_y^{\mathrm{II}}}{|\boldsymbol{n}^{\mathrm{II}}|}\\[2ex]
n_z=\dfrac{\boldsymbol{n}_z^{\mathrm{II}}}{|\boldsymbol{n}^{\mathrm{II}}|}
\end{cases} \tag{3-17}$$

$$
\begin{aligned}
\boldsymbol{r}_\theta &= \frac{\partial \boldsymbol{r}}{\partial \theta} \\
&= [-r_0\beta e^{\beta\theta}(\cos\theta\cos\varphi - \sin\theta\sin\alpha\sin\varphi) + r_0 e^{\beta\theta}(\sin\theta\cos\varphi + \cos\theta\sin\alpha\sin\varphi)]\boldsymbol{i} + \\
&\quad [r_0\beta e^{\beta\theta}(\cos\theta\sin\varphi + \sin\theta\sin\alpha\cos\varphi) + r_0 e^{\beta\theta}(\cos\theta\sin\alpha\cos\varphi - \sin\theta\sin\varphi)]\boldsymbol{j} + \\
&\quad (r_0\beta e^{\beta\theta}\sin\theta\cos\alpha + r_0 e^{\beta\theta}\cos\theta\cos\alpha)\boldsymbol{k}
\end{aligned}
$$

$$
\begin{aligned}
\boldsymbol{r}_\varphi &= \frac{\partial \boldsymbol{r}}{\partial \varphi} \\
&= r_0 e^{\beta\theta}(\cos\theta\sin\varphi + \sin\theta\sin\alpha\cos\varphi)\boldsymbol{i} + r_0 e^{\beta\theta}(\cos\theta\cos\varphi - \sin\theta\sin\alpha\sin\varphi)\boldsymbol{j}
\end{aligned}
$$

$$
\begin{aligned}
\boldsymbol{n}_\theta = &\left[\frac{\cos\alpha(2\beta\sin\varphi\sin\alpha\cos\theta\sin\theta - \beta\cos^2\theta\cos\varphi + \beta\sin^2\theta\cos\varphi - \sin^2\theta\sin\varphi\sin\alpha + \cos^2\theta\sin\varphi\sin\alpha + 2\sin\theta\cos\theta\cos\varphi)}{(\beta^2 + \cos^2\alpha\cos^2\theta - \beta^2\cos^2\alpha + \beta^2\cos^2\theta\cos^2\alpha)^{\frac{1}{2}}} - \right. \\
&\left.\frac{\cos\alpha(\beta\sin\varphi\sin\alpha - \beta\sin\varphi\sin\alpha\cos^2\theta - \beta\cos\theta\sin\theta\cos\varphi + \cos\theta\sin\theta\sin\varphi\sin\alpha - \cos^2\theta\cos\varphi)(-2\sin\theta\cos\theta\cos^2\alpha - 2\beta\cos^2\theta\cos^2\alpha\sin\theta)}{2(\beta^2 + \cos^2\alpha\cos^2\theta - \beta^2\cos^2\alpha + \beta^2\cos^2\theta\cos^2\alpha)^{\frac{3}{2}}}\right]\boldsymbol{i} + \\
&\left[\frac{\cos\alpha(-\beta\sin^2\theta\sin\varphi + \beta\cos^2\theta\sin\varphi - 2\cos\theta\sin\theta\sin\varphi + 2\beta\cos\varphi\sin\alpha\cos\theta\sin\theta + \cos^2\theta\cos\varphi\sin\alpha - \sin^2\theta\cos\varphi\sin\alpha)}{(\beta^2 + \cos^2\alpha\cos^2\theta - \beta^2\cos^2\alpha + \beta^2\cos^2\theta\cos^2\alpha)^{\frac{1}{2}}} - \right. \\
&\left.\frac{\cos\alpha(\beta\cos\theta\sin\varphi\sin\theta + \cos^2\theta\sin\varphi + \beta\cos\varphi\sin\alpha - \beta\cos\varphi\sin\alpha\cos^2\theta + \sin\theta\cos\varphi\sin\alpha\cos\theta)(-2\sin\theta\cos\theta\cos^2\alpha - 2\beta\cos^2\theta\cos^2\alpha\sin\theta)}{2(\beta^2 + \cos^2\alpha\cos^2\theta - \beta^2\cos^2\alpha + \beta^2\cos^2\theta\cos^2\alpha)^{\frac{3}{2}}}\right]\boldsymbol{j} + \\
&\frac{\cos^2\alpha(\cos\theta + \beta\sin\theta)(\beta^2\cos\theta - \beta^2\cos\theta\cos^2\alpha + \beta^2\cos^3\theta\cos^2\alpha - \beta\sin\theta + \beta\sin\theta\cos^2\alpha + \cos^3\theta\cos^2\alpha)}{2(\beta^2 + \cos^2\alpha\cos^2\theta - \beta^2\cos^2\alpha + \beta^2\cos^2\theta\cos^2\alpha)^{\frac{3}{2}}}\boldsymbol{k}
\end{aligned}
$$

$$
\begin{aligned}
\boldsymbol{n}_\varphi = &\frac{\cos\alpha(\beta\cos\theta\sin\varphi\sin\theta + \cos^2\theta\sin\varphi + \beta\cos\varphi\sin\varphi - \beta\cos\varphi\sin\alpha\cos^2\theta + \sin\theta\cos\varphi\sin\alpha\cos\theta)}{(\beta^2 + \cos^2\alpha\cos^2\theta - \beta^2\cos^2\alpha + \beta^2\cos^2\theta\cos^2\alpha)^{\frac{1}{2}}}\boldsymbol{i} + \\
&\frac{\cos\alpha(\beta\sin\theta\cos\theta\cos\varphi + \cos^2\theta\cos\varphi - \beta\sin\varphi\sin\alpha + \beta\sin\varphi\sin\alpha\cos^2\theta - \cos\theta\sin\theta\sin\varphi\sin\alpha)}{(\beta^2 + \cos^2\alpha\cos^2\theta - \beta^2\cos^2\alpha + \beta^2\cos^2\theta\cos^2\alpha)^{\frac{1}{2}}}\boldsymbol{j}
\end{aligned}
$$

$$
\boldsymbol{r}_{\varphi\varphi} = r_0 e^{\beta\theta}(\cos\theta\cos\varphi - \sin\theta\sin\alpha\sin\varphi)\boldsymbol{i} - r_0 e^{\beta\theta}(\cos\theta\sin\varphi + \sin\theta\sin\alpha\cos\varphi)\boldsymbol{j}
$$

$$
\begin{aligned}
\boldsymbol{r}_{\theta\theta} = &[-r_0\beta^2 e^{\beta\theta}(\cos\theta\cos\varphi - \sin\theta\sin\alpha\sin\varphi) + r_0\beta e^{\beta\theta}(\sin\alpha\cos\varphi + \cos\theta\sin\alpha\sin\varphi) + \\
&r_0\beta e^{\beta\theta}(\sin\theta\cos\varphi + \cos\theta\sin\alpha\sin\varphi) + r_0 e^{\beta\theta}(\cos\theta\cos\varphi + \sin\theta\sin\alpha\sin\varphi)]\boldsymbol{i} + \\
&[r_0\beta^2 e^{\beta\theta}(\cos\theta\sin\varphi + \sin\theta\sin\alpha\cos\varphi) + r_0\beta e^{\beta\theta}(\cos\theta\sin\alpha\cos\varphi - \sin\theta\sin\varphi) + \\
&r_0\beta e^{\beta\theta}(\cos\theta\sin\alpha\cos\varphi - \sin\theta\sin\varphi) - r_0 e^{\beta\theta}(\sin\theta\sin\alpha\cos\varphi + \cos\theta\sin\varphi)]\boldsymbol{j} + \\
&(r_0\beta^2 e^{\beta\theta}\sin\theta\cos\alpha + r_0\beta e^{\beta\theta}\cos\theta\cos\alpha + r_0\beta e^{\beta\theta}\cos\theta\cos\alpha - r_0 e^{\beta\theta}\sin\theta\cos\alpha)\boldsymbol{k}
\end{aligned}
$$

又由法曲率计算的相关知识：

$$
\begin{cases}
\boldsymbol{n}\cdot\boldsymbol{r}_{\theta\theta} + \boldsymbol{n}_\theta\cdot\boldsymbol{r}_\theta = 0 \\
\boldsymbol{n}_\varphi\cdot\boldsymbol{r}_\theta + \boldsymbol{n}\cdot\boldsymbol{r}_{\theta\varphi} = 0 \\
\boldsymbol{n}\cdot\boldsymbol{r}_{\varphi\varphi} + \boldsymbol{n}_\varphi\cdot\boldsymbol{r}_\varphi = 0 \\
\boldsymbol{n}_\theta\cdot\boldsymbol{r}_\varphi + \boldsymbol{n}\cdot\boldsymbol{r}_{\varphi\theta} = 0
\end{cases}
$$

所以推出：

$$
\begin{cases}
\boldsymbol{n}_\theta\cdot\boldsymbol{r}_\varphi = \boldsymbol{n}_\varphi\cdot\boldsymbol{r}_\theta = -\boldsymbol{n}\cdot\boldsymbol{r}_{\varphi\theta} \\
\boldsymbol{n}_\theta\cdot\boldsymbol{r}_\theta = -\boldsymbol{n}\cdot\boldsymbol{r}_{\theta\theta} \\
\boldsymbol{n}_\varphi\cdot\boldsymbol{r}_\varphi = -\boldsymbol{n}\cdot\boldsymbol{r}_{\varphi\varphi}
\end{cases}
\tag{3-18}
$$

可设 E、F、G 分别如下：

$$E=\boldsymbol{r}_\theta^2$$
$$F=\boldsymbol{r}_\theta\cdot\boldsymbol{r}_\varphi$$
$$G=\boldsymbol{r}_\varphi^2$$

且设 L、M、N 分别如下：

$$L=-\boldsymbol{n}_\theta\cdot\boldsymbol{r}_\theta=\boldsymbol{n}\cdot\boldsymbol{r}_{\theta\theta}$$
$$M=-\boldsymbol{n}_\theta\cdot\boldsymbol{r}_\varphi=-\boldsymbol{n}_\varphi\cdot\boldsymbol{r}_\theta=\boldsymbol{n}\cdot\boldsymbol{r}_{\varphi\theta}$$
$$N=-\boldsymbol{n}_\varphi\cdot\boldsymbol{r}_\varphi=\boldsymbol{n}\cdot\boldsymbol{r}_{\varphi\varphi}$$

将上述结果代入，分别求得：

$$E=\boldsymbol{r}_\theta^2=\boldsymbol{r}_0^2\mathrm{e}^{2\beta\theta}(1+\beta^2)$$
$$G=\boldsymbol{r}_\varphi^2=r_0^2\mathrm{e}^{2\beta\theta}(\cos^2\theta+\sin^2\theta\sin^2\alpha)$$

$$\begin{aligned}F&=\boldsymbol{r}_\theta\cdot\boldsymbol{r}_\varphi\\&=r_0^2\mathrm{e}^{2\beta\theta}[-\beta(\cos\theta\cos\varphi-\sin\theta\sin\alpha\sin\varphi)+\\&\quad(\sin\theta\cos\varphi+\cos\theta\sin\alpha\sin\varphi)](\cos\theta\sin\varphi+\sin\theta\sin\alpha\cos\varphi)+\\&\quad r_0^2\mathrm{e}^{2\beta\theta}[\beta(\cos\theta\sin\varphi+\sin\theta\sin\alpha\cos\varphi)+\\&\quad(\cos\theta\sin\alpha\cos\varphi-\sin\theta\sin\varphi)](\cos\alpha\cos\varphi-\sin\alpha\sin\theta\sin\varphi)\\&=r_0^2\mathrm{e}^{2\beta\theta}\sin\alpha\end{aligned}$$

$$\begin{aligned}L&=\boldsymbol{n}\cdot\boldsymbol{r}_{\theta\theta}\\&=n_x\cdot r_{\theta\theta_x}+n_y\cdot r_{\theta\theta_x}+n_z\cdot r_{\theta\theta_x}\\&=\frac{-\cos\alpha\cos\theta\cdot(1+\beta^2)\cdot r_0\mathrm{e}^{\beta\theta}}{\sqrt{\beta^2+\cos^2\theta\cdot\cos^2\alpha-\beta^2\cos^2\alpha+\beta^2\cos^2\theta\cos^2\alpha}}\end{aligned}$$

$$\begin{aligned}N&=\boldsymbol{n}\cdot\boldsymbol{r}_{\varphi\varphi}=n_x\cdot r_{\varphi\varphi_x}+n_y\cdot r_{\varphi\varphi_y}+n_z\cdot r_{\varphi\varphi_z}=n_x\cdot r_{\varphi\varphi_x}+n_y\cdot r_{\varphi\varphi_y}\\&=\frac{-\cos\alpha r_0\mathrm{e}^{\beta\theta}\ (\cos\theta-\beta\sin\theta\cos^2\alpha-\cos\theta\cos^2\alpha+\cos^3\theta\cos^2\alpha+\beta\sin\theta+\beta\cos^2\theta\sin\theta\cos^2\alpha)}{\sqrt{\beta^2+\cos^2\theta\cos^2\alpha-\beta^2\cos^2\alpha+\beta^2\cos^2\theta\cos^2\alpha}}\end{aligned}$$

$$\begin{aligned}M&=\boldsymbol{n}\cdot\boldsymbol{r}_{\varphi\theta}=n_x\cdot r_{\varphi\theta_x}+n_y\cdot r_{\varphi\theta_y}+n_z\cdot r_{\varphi\theta_z}=n_x\cdot r_{\varphi\theta_x}+n_y\cdot r_{\varphi\theta_y}\\&=\frac{-\cos\alpha\sin\alpha\ (\beta\sin\theta+\cos\theta)\ \cdot r_0\mathrm{e}^{\beta\theta}}{\sqrt{\beta^2+\cos^2\theta\cos^2\alpha-\beta^2\cos^2\alpha+\beta^2\cos^2\theta\cos^2\alpha}}\end{aligned}$$

所以，曲率 K：

$$K=\frac{L\mathrm{d}\theta^2+2M\mathrm{d}\theta\mathrm{d}\varphi+N\mathrm{d}\varphi^2}{E\mathrm{d}\theta^2+2F\mathrm{d}\theta\mathrm{d}\varphi+G\mathrm{d}\varphi^2}\tag{3-19}$$

由罗德里克方程式：$\mathrm{d}\boldsymbol{n}=-k\mathrm{d}\boldsymbol{r}$

则有：

$$\begin{aligned}\mathrm{d}\boldsymbol{r}&=\boldsymbol{r}_\theta\mathrm{d}\theta+\boldsymbol{r}_\varphi\mathrm{d}\varphi\\&=\{[-r_0\beta\mathrm{e}^{\beta\theta}(\cos\theta\cos\varphi-\sin\theta\sin\alpha\sin\varphi)+\\&\quad r_0\mathrm{e}^{\beta\theta}(\sin\theta\cos\varphi+\cos\theta\sin\alpha\sin\varphi)]\mathrm{d}\theta+\\&\quad r_0\mathrm{e}^{\beta\theta}(\cos\theta\sin\varphi+\sin\theta\sin\alpha\cos\varphi)\mathrm{d}\varphi\}\boldsymbol{i}+\end{aligned}$$

$$\{[r_0\beta e^{\beta\theta}(\cos\theta\sin\varphi+\sin\theta\sin\alpha\cos\varphi)+$$
$$r_0 e^{\beta\theta}(\cos\theta\sin\alpha\cos\varphi-\sin\theta\sin\varphi)]\mathrm{d}\theta+$$
$$r_0 e^{\beta\theta}(\cos\theta\cos\varphi-\sin\theta\sin\alpha\sin\varphi)\mathrm{d}\varphi\}\boldsymbol{j}+$$
$$(r_0\beta e^{\beta\theta}\sin\theta\cos\alpha+r_0 e^{\beta\theta}\cos\theta\cos\alpha)\mathrm{d}\theta\boldsymbol{k} \tag{3-20}$$

$$\mathrm{d}\boldsymbol{n}=\boldsymbol{n}_\theta\mathrm{d}\theta+\boldsymbol{n}_\varphi\mathrm{d}\varphi$$

$$\frac{\mathrm{d}\boldsymbol{n}_1}{\mathrm{d}\boldsymbol{r}_1}=\frac{\mathrm{d}\boldsymbol{n}_2}{\mathrm{d}\boldsymbol{r}_2}=\frac{\mathrm{d}\boldsymbol{n}_3}{\mathrm{d}\boldsymbol{r}_3}$$

$$\begin{cases}\mathrm{d}\boldsymbol{n}_1\cdot\mathrm{d}\boldsymbol{r}_2-\mathrm{d}\boldsymbol{r}_1\cdot\mathrm{d}\boldsymbol{n}_2=0\\ \mathrm{d}\boldsymbol{n}_1\cdot\mathrm{d}\boldsymbol{r}_3-\mathrm{d}\boldsymbol{n}_3\cdot\mathrm{d}\boldsymbol{r}_1=0\end{cases} \tag{3-21}$$

得出：$\mathrm{d}\theta=0$ 或 $\mathrm{d}\theta=-(\sin^2\theta\sin^2\alpha-\sin^2\theta+1)\dfrac{\mathrm{d}\varphi}{\sin\alpha}$

即：

$$\mathrm{d}\theta=\frac{-\sin^2\theta\sin^2\alpha+\sin^2\theta-1}{\sin\alpha}\mathrm{d}\varphi=0 \tag{3-22}$$

将结果代入曲率计算公式得到两个法曲率的两个主值：

$$K_1=\frac{N\mathrm{d}^2\varphi}{G\mathrm{d}^2\varphi}=\frac{N}{G}$$
$$=\frac{-r_0e^{\beta\theta}\cos\alpha}{r_0^2e^{2\beta\theta}(\cos^2\theta+\sin^2\theta\sin^2\alpha)}\cdot\frac{\cos\theta-\beta\sin\theta\cos^2\alpha-\cos\theta\cos^2\alpha+\cos^3\theta\cos^2\alpha+\beta\sin\theta+\beta\cos^2\theta\sin\theta\cos^2\alpha}{\sqrt{\beta^2+\cos^2\theta\cos^2\alpha-\beta^2\cos^2\alpha+\beta^2\cos^2\theta\cos^2\alpha}}$$

$$K_2=\frac{L\left(\frac{-\sin^2\theta\sin^2\alpha+\sin^2\theta-1}{\sin\alpha}\right)^2(\mathrm{d}\varphi)^2+2M\left(\frac{-\sin^2\theta\sin^2\alpha+\sin^2\theta-1}{\sin\alpha}\right)^2(\mathrm{d}\varphi)^2+N(\mathrm{d}\varphi)^2}{E\left(\frac{-\sin^2\theta\sin^2\alpha+\sin^2\theta-1}{\sin\alpha}\right)^2(\mathrm{d}\varphi)^2+2F\left(\frac{-\sin^2\theta\sin^2\alpha+\sin^2\theta-1}{\sin\alpha}\right)^2(\mathrm{d}\varphi)^2+G(\mathrm{d}\varphi)^2}$$

即：

$$K_1=\frac{-(\cos\theta+\beta\sin\theta)\cos\alpha}{\sqrt{\beta^2+\cos^2\theta\cos^2\alpha-\beta^2\cos^2\alpha+\beta^2\cos^2\theta\cos^2\alpha}\cdot r_0e^{\beta\theta}} \tag{3-23}$$

$$K_2=\frac{-\cos\alpha}{r_0e^{\beta\theta}}\left[\frac{\cos^3\theta\cos^2\alpha+\beta^2\cos^3\theta\cos^2\alpha-\beta^2\cos\theta\cos^2\alpha}{(\beta^2+\cos^2\theta\cos^2\alpha-\beta^2\cos^2\alpha+\beta^2\cos^2\theta\cos^2\alpha)^{\frac{3}{2}}}+\right.$$
$$\left.\frac{\beta^2\cos\theta+\beta\sin\theta\cos^2\alpha-\beta\sin\theta}{(\beta^2+\cos^2\theta\cos^2\alpha-\beta^2\cos^2\alpha+\beta^2\cos^2\theta\cos^2\alpha)^{\frac{3}{2}}}\right] \tag{3-24}$$

所以主方向的第一个解 $\mathrm{d}\theta=0$。

即 θ 为常值，其表示齿面上齿廓线所求渐开线的方向，另一个主方向与该方向垂直，K_1、K_2 即为啮合齿面诱导法曲率的两个主值。

3.2　对数螺旋锥齿轮的啮合数学模型与啮合方程

本节将建立对数螺旋锥齿轮的数学模型，并在此基础上研究齿轮啮合时啮合点的相对速度、公共法向量、节锥角和基锥角，最后导出对数螺旋锥齿轮传动的齿面啮合方程。

3.2.1　啮合数学模型的建立

对数螺旋锥齿轮传动属于空间啮合范畴。由于齿轮副在啮合时两轮仅绕各自轴线转动而没有沿轴线方向的移动，其中两轮的转动速度又是相关联且一一对应的。对该齿轮副来说，空间啮合运动参数仅为两啮合齿轮之一的转速，因此该螺旋锥齿轮啮合又属于单自由度空间啮合。由齿轮啮合理论知，螺旋锥齿轮啮合时，节锥相切并相对作纯滚动，其中节锥轴线相交。由此可建立如图 3－10 所示坐标系。

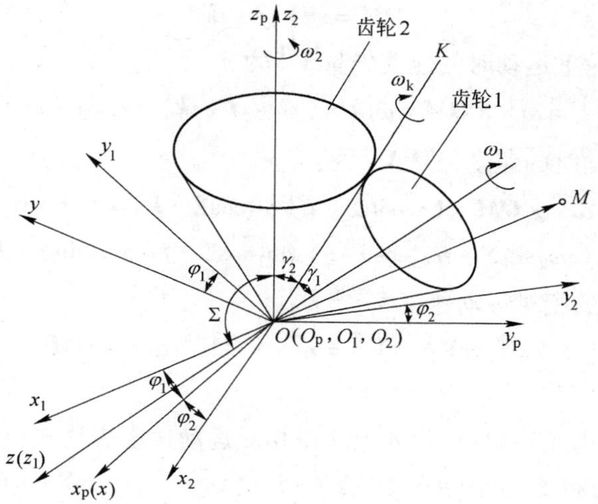

图 3－10　对数螺旋锥齿轮数学模型

设 $S_p(O_p-x_py_pz_p)$ 为与齿轮 2 固连的初始坐标系，$S(O-xyz)$ 为与齿轮 1 固连的初始坐标系，其中 z_p 轴和 Z 轴分别与两节锥轴线重合，二者夹角为 $\boldsymbol{\Sigma}$。若齿轮 1 以角速度 ω_1 绕轴线转过角度 φ_1 后，则齿轮 2 以角速度 ω_2 将绕轴线转过角度 φ_2，那么坐标系 S_p 和坐标系 S 则分别转到坐标系 $S_2(O_2-x_2y_2z_2)$ 和坐标系 $S_1(O_1-x_1y_1z_1)$。

由坐标变换关系可得如下坐标变换公式：

$$
\begin{aligned}
\boldsymbol{M}_{SS_1} &= \begin{pmatrix} \cos\varphi_1 & -\sin\varphi_1 & 0 \\ \sin\varphi_1 & \cos\varphi_1 & 0 \\ 0 & 0 & 1 \end{pmatrix} \\
\boldsymbol{M}_{S_pS_2} &= \begin{pmatrix} \cos\varphi_2 & -\sin\varphi_2 & 0 \\ \sin\varphi_2 & \cos\varphi_2 & 0 \\ 0 & 0 & 1 \end{pmatrix} \\
\boldsymbol{M}_{SS_p} &= \begin{pmatrix} 1 & 0 & 0 \\ 0 & \cos\boldsymbol{\Sigma} & \sin\boldsymbol{\Sigma} \\ 0 & -\sin\boldsymbol{\Sigma} & \cos\boldsymbol{\Sigma} \end{pmatrix}
\end{aligned} \tag{3-25}
$$

3.2.2　相对速度的求解

为矢量运算方便，令图 3－10 中坐标系 S_p、S、S_1、S_2 各坐标轴的单位矢量分别为：$\boldsymbol{i}_p$，$\boldsymbol{j}_p$，$\boldsymbol{k}_p$；$\boldsymbol{i}$，$\boldsymbol{j}$，$\boldsymbol{k}$；$\boldsymbol{i}_1$，$\boldsymbol{j}_1$，$\boldsymbol{k}_1$；$\boldsymbol{i}_2$，$\boldsymbol{j}_2$，$\boldsymbol{k}_2$，则对于齿轮 1 及齿轮 2 的角速度矢量$\boldsymbol{\omega}^{\mathrm{I}}$及$\boldsymbol{\omega}^{\mathrm{II}}$可表示为：

$$\begin{cases}\boldsymbol{\omega}^{\mathrm{I}}=\omega_1\boldsymbol{k}\\ \boldsymbol{\omega}^{\mathrm{II}}=\omega_2\,\boldsymbol{k}_p=\omega_2\,|\boldsymbol{k}_p|\sin\Sigma\cdot\boldsymbol{j}+\omega_2\,|\boldsymbol{k}_p|\cos\Sigma\cdot\boldsymbol{k}=\omega_2\sin\Sigma\cdot\boldsymbol{j}+\omega_2\cos\Sigma\cdot\boldsymbol{k}\end{cases}\tag{3-26}$$

现设空间一点 M（图 3－10），它在坐标系 S 中的坐标为（x，y，z），那么有：

$$\boldsymbol{OM}=x\boldsymbol{i}+y\boldsymbol{j}+z\boldsymbol{k}\tag{3-27}$$

因此，M 点随齿轮 1 运动时的速度矢量 $\boldsymbol{V}^{\mathrm{I}}$ 为：

$$\boldsymbol{V}^{\mathrm{I}}=\boldsymbol{\omega}^{\mathrm{I}}\times\boldsymbol{OM}=\omega_1\boldsymbol{k}\times(x\boldsymbol{i}+y\boldsymbol{j}+z\boldsymbol{k})=\omega_1x\boldsymbol{j}-\omega_1y\boldsymbol{i}\tag{3-28}$$

M 点随齿轮 2 运动时的速度矢量 $\boldsymbol{V}^{\mathrm{II}}$ 为：

$$\begin{aligned}\boldsymbol{V}^{\mathrm{II}}&=\boldsymbol{\omega}^{\mathrm{II}}\times\boldsymbol{OM}=(\omega_2\sin\Sigma\cdot\boldsymbol{j}+\omega_2\cos\Sigma\cdot\boldsymbol{k})\times(x\boldsymbol{i}+y\boldsymbol{j}+z\boldsymbol{k})\\&=(z\omega_2\sin\Sigma-y\omega_2\cos\Sigma)\boldsymbol{i}+x\omega_2\cos\Sigma\cdot\boldsymbol{j}-x\omega_2\sin\Sigma\cdot\boldsymbol{k}\end{aligned}\tag{3-29}$$

则两齿轮在 M 点的相对运动速度 $\boldsymbol{V}^{\mathrm{I\,II}}$ 为：

$$\boldsymbol{V}^{\mathrm{I\,II}}=\boldsymbol{V}^{\mathrm{I}}-\boldsymbol{V}^{\mathrm{II}}=\boldsymbol{\omega}^{\mathrm{I}}\times\boldsymbol{OM}-\boldsymbol{\omega}^{\mathrm{II}}\times\boldsymbol{OM}$$

将式（3－28）、式（3－29）代入上式得相对运动速度表达式：

$$\boldsymbol{V}^{\mathrm{I\,II}}=(-z\omega_2\sin\Sigma-\omega_1y+y\omega_2\cos\Sigma)\cdot\boldsymbol{i}+(x\omega_1-x\omega_2\cos\Sigma)\cdot\boldsymbol{j}-x\omega_2\sin\Sigma\cdot\boldsymbol{k}\tag{3-30}$$

3.2.3　节锥角的求解

在建立对数螺旋锥齿轮齿面方程时需根据节锥角 γ 确定基锥角 α，所以必须进行节锥角 γ 的求解。

如图 3－10 所示，对数螺旋锥齿轮齿轮副啮合可简化为两相互作纯滚动的节锥，由空间啮合理论的基础可知，两锥齿轮相对运动的回转轴为图 3－10 中 OK 轴，若设齿轮副绕 OK 轴转动的角速度为 ω_k，对应的角速度矢量为$\boldsymbol{\omega}_k$，则有：

$$\boldsymbol{\omega}_k=\omega_2-\omega_1=-\omega_2\sin\Sigma\cdot\boldsymbol{j}+(\omega_1-\omega_2\cos\Sigma)\cdot\boldsymbol{k}\tag{3-31}$$

$$\omega_k=\sqrt{\omega_1^2+\omega_2^2-2\omega_1\omega_2\cos\Sigma}$$

如图 3－10，设两节锥的节锥角分别为 γ_1，γ_2，则有如图 3－11 所示的矢量三角形。由三角形正弦定理得：

$$\frac{\omega_1}{\sin\gamma_2}=\frac{\omega_2}{\sin\gamma_1}=\frac{\omega_k}{\sin\Sigma}\tag{3-32}$$

式中，ω_1、ω_2、ω_k 分别为角速度矢量 $\boldsymbol{\omega}^{\mathrm{I}}$、$\boldsymbol{\omega}^{\mathrm{II}}$、$\boldsymbol{\omega}^{k}$ 的模。

将式（3－31）代入式（3－32）得到两啮合锥齿轮的节锥角分别为：

$$\sin\gamma_1 = \frac{\omega_2 \sin\Sigma}{\omega_k} = \frac{\omega_2 \sin\Sigma}{\sqrt{\omega_1^2 + \omega_2^2 - 2\omega_1\omega_2\cos\Sigma}}$$
$$\sin\gamma_2 = \frac{\omega_1 \sin\Sigma}{\omega_k} = \frac{\omega_1 \sin\Sigma}{\sqrt{\omega_1^2 + \omega_2^2 - 2\omega_1\omega_2\cos\Sigma}} \quad (3-33)$$

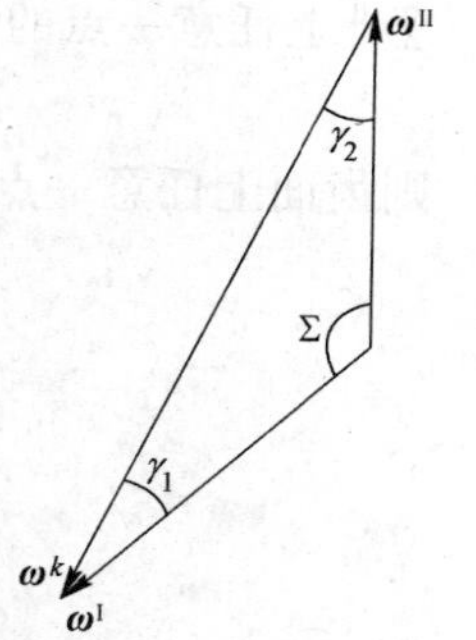

图 3-11 角速度矢量关系

3.2.4 啮合方程的建立

对数螺旋锥齿轮在空间啮合过程中，两相啮合齿面相切接触在一点，即点接触。它们在切点处总有公共的切平面和公共的公法线 $\boldsymbol{n}$，两齿面在切点处的相对速度 $\boldsymbol{V}^{\mathrm{I\,II}}$ 则必然和公法线 $\boldsymbol{n}$ 垂直，只有这样才能够保证两齿面啮合时能够连续地滑动接触，即不相互发生干涉。在接触点必须满足如下条件：

$$\boldsymbol{V}^{\mathrm{I\,II}} \cdot \boldsymbol{n} = 0 \quad (3-34)$$

$\boldsymbol{V}^{\mathrm{I\,II}}$ 由前面式（3-30）已经求得，只需求解公法线 $\boldsymbol{n}$。由图 3-10，如将左手坐标系变换为右手坐标系，则新的坐标变换公式为

$$\begin{cases} x' = x\cos\alpha\sin\varphi + y\cos\alpha\cos\varphi - z\sin\alpha \\ y' = -x\cos\varphi + y\sin\varphi \\ z' = x\sin\alpha\sin\varphi + y\sin\alpha\cos\varphi + z\cos\alpha \end{cases} \quad (3-35)$$

则右手坐标系下的齿面方程为

$$\begin{cases} 0 = x\cos\alpha\sin\varphi + y\cos\alpha\cos\varphi - z\sin\alpha \\ r_0 e^{\beta\theta}\cos\theta = -x\cos\varphi + y\sin\varphi \\ r_0 e^{\beta\theta}\sin\theta = x\sin\alpha\sin\varphi + y\sin\alpha\cos\varphi + z\cos\alpha \\ \alpha = \arcsin(\sin\beta\sin\gamma) \end{cases} \quad (3-36)$$

又因

$$\boldsymbol{R}^{(1)} = (r_0 e^{\beta\theta}\cos\theta)\boldsymbol{j} + (r_0 e^{\beta\theta}\sin\theta)\boldsymbol{k} \quad (3-37)$$

$$\boldsymbol{R}^{(3)} = \tilde{K}_{(\frac{\pi}{2}-\varphi)}\tilde{J}_{\alpha}\boldsymbol{R}^{(1)} \quad (3-38)$$

所以右手坐标下齿面方程的向量形式为

$$\begin{aligned} \boldsymbol{R}^{(3)} = & [-r_0 e^{\beta\theta}(\cos\theta\cos\varphi - \sin\theta\sin\alpha\sin\varphi)]\boldsymbol{i} + \\ & [r_0 e^{\beta\theta}(\cos\theta\sin\varphi + \sin\theta\sin\alpha\cos\varphi)]\boldsymbol{j} + \\ & (r_0 e^{\beta\theta}\sin\theta\cos\alpha)\boldsymbol{k} \end{aligned} \quad (3-39)$$

根据图 3-10，可设齿轮 2 的齿面 Σ^{II} 的方程式为

$$\boldsymbol{r}^{\mathrm{II}}(\theta,\varphi) = x_2(\theta,\varphi)\boldsymbol{i}_2 + y_2(\theta,\varphi)\boldsymbol{j}_2 + z_2(\theta,\varphi)\boldsymbol{k}_2 \quad (3-40)$$

其中

$$\begin{cases} x_2(\theta,\varphi) = -r_0 e^{\beta\theta}(\cos\theta\cos\varphi - \sin\theta\sin\alpha\sin\varphi) \\ y_2(\theta,\varphi) = r_0 e^{\beta\theta}(\cos\theta\sin\varphi + \sin\theta\sin\alpha\cos\varphi) \\ z_2(\theta,\varphi) = r_0 e^{\beta\theta}\sin\theta\cos\alpha \\ \alpha = \arcsin(\sin\beta\sin\gamma) \end{cases}$$

Σ^{II}上任意一点的法线矢量$\boldsymbol{n}^{\mathrm{II}}$为

$$\boldsymbol{n}^{\mathrm{II}}=n_{x_2}^{\mathrm{II}}\boldsymbol{i}_2+n_{y_2}^{\mathrm{II}}\boldsymbol{j}_2+n_{z_2}^{\mathrm{II}}\boldsymbol{k}_2 \tag{3-41}$$

则齿面上任意一点的法线矢量$\boldsymbol{n}^{\mathrm{II}}$为

$$\boldsymbol{n}^{\mathrm{II}}=\frac{\partial \boldsymbol{r}^{\mathrm{II}}}{\partial\theta}\times\frac{\partial \boldsymbol{r}^{\mathrm{II}}}{\partial\varphi}=\begin{vmatrix}\boldsymbol{i}_2 & \boldsymbol{j}_2 & \boldsymbol{k}_2\\ \dfrac{\partial x_2}{\partial\theta} & \dfrac{\partial y_2}{\partial\theta} & \dfrac{\partial z_2}{\partial\theta}\\ \dfrac{\partial x_2}{\partial\varphi} & \dfrac{\partial y_2}{\partial\varphi} & \dfrac{\partial z_2}{\partial\varphi}\end{vmatrix} \tag{3-42}$$

所以

$$n_{x_2}^{\mathrm{II}}=\begin{vmatrix}\dfrac{\partial y_2}{\partial\theta} & \dfrac{\partial z_2}{\partial\theta}\\ \dfrac{\partial y_2}{\partial\varphi} & \dfrac{\partial z_2}{\partial\varphi}\end{vmatrix};\ n_{y_2}^{\mathrm{II}}=\begin{vmatrix}\dfrac{\partial z_2}{\partial\theta} & \dfrac{\partial x_2}{\partial\theta}\\ \dfrac{\partial z_2}{\partial\varphi} & \dfrac{\partial x_2}{\partial\varphi}\end{vmatrix};\ n_{z_2}^{\mathrm{II}}=\begin{vmatrix}\dfrac{\partial x_2}{\partial\theta} & \dfrac{\partial y_2}{\partial\theta}\\ \dfrac{\partial x_2}{\partial\varphi} & \dfrac{\partial y_2}{\partial\varphi}\end{vmatrix} \tag{3-43}$$

将式（3-30）利用$\boldsymbol{M}_{SS_2}$变换矩阵进行坐标变换，得到以坐标值（x_2，y_2，z_2）表示的相对速度，设$\boldsymbol{V}^{\mathrm{I\,II}}$在坐标系$\boldsymbol{S}_2$中表示为$\boldsymbol{V}_{S_2}^{\mathrm{I\,II}}$（$\boldsymbol{V}_{x_2}^{\mathrm{I\,II}}$，$\boldsymbol{V}_{y_2}^{\mathrm{I\,II}}$，$\boldsymbol{V}_{z_2}^{\mathrm{I\,II}}$）则有

$$\boldsymbol{V}_{S_2}^{\mathrm{I\,II}}=\boldsymbol{V}_{x_2}^{\mathrm{I\,II}}\boldsymbol{i}_2+\boldsymbol{V}_{y_2}^{\mathrm{I\,II}}\boldsymbol{j}_2+\boldsymbol{V}_{z_2}^{\mathrm{I\,II}}\boldsymbol{k}_2 \tag{3-44}$$

其中

$$\begin{cases}V_{x_2}^{\mathrm{I\,II}}=-\omega_2\sin\varphi_2+\omega_1\cos\Sigma\sin\varphi_2+\omega_1\cos\varphi_2\cos\Sigma-\omega_2\cos\varphi_2+\omega_1\sin\Sigma\\ V_{y_2}^{\mathrm{I\,II}}=\omega_2\cos\varphi_2\cos\Sigma-\omega_1\cos\varphi_2+\omega_1\sin\varphi_2-\omega_2\sin\varphi_2\cos\Sigma\\ V_{z_2}^{\mathrm{I\,II}}=-\omega_2\cos\varphi_2\sin\Sigma+\omega_2\sin\varphi_2\sin\Sigma\end{cases}$$

由此，用坐标值x_2，y_2，z_2表示的啮合方程式为

$$\boldsymbol{V}_{S_2}^{\mathrm{I\,II}}\cdot\boldsymbol{n}=0$$

亦即

$$V_{x_2}^{\mathrm{I\,II}}n_{x_2}^{\mathrm{II}}+V_{y_2}^{\mathrm{I\,II}}n_{y_2}^{\mathrm{II}}+V_{z_2}^{\mathrm{I\,II}}n_{z_2}^{\mathrm{II}}=0 \tag{3-45}$$

联立式（3-40）、式（3-43）、式（3-44）、式（3-45），即为对数螺旋锥齿轮的啮合方程式：

$$\begin{aligned}&A\cos\alpha(\cos\theta\cos\varphi-\sin\theta\sin\alpha\sin\varphi)+\\&B\cos\alpha(\cos\theta\sin\varphi+\sin\theta\sin\alpha\cos\varphi)+\\&C(\sin\theta\cos\varphi+\cos\theta\sin\alpha\sin\varphi)=0\end{aligned} \tag{3-46}$$

式中　$A=\omega_1\sin\Sigma+\cos\Sigma(\sin\varphi_2+\cos\varphi_2)(\omega_1-\omega_2)$；

$B=(\cos\varphi_2-\sin\varphi_2)(\omega_2\cos\Sigma-\omega_1)$；

$C=(\sin\varphi_2-\cos\varphi_2)\omega_2\sin\Sigma$。

同样，可以利用坐标变换求得以坐标系S，S_{p}，S_2中各坐标分量表达的啮合方程式。

3.3　对数螺旋锥齿轮的共轭曲面

对数螺旋锥齿轮就其啮合理论来看，属于空间单自由度啮合，对于单自由度啮合一般均为线接触啮合，而对数螺旋锥齿轮副是点接触啮合，因此不能用单自由度啮合理论求解共轭齿面的方程，选用空间双参数曲面族包络理论分析较为合适。

3.3.1 共轭曲面方程

由式（3-40）及图3-10知，在坐标系 S_2（右手坐标系）中，齿轮2的齿面 Σ^{II} 的齿面方程的向量形式为

$$\begin{aligned}\boldsymbol{r}^{\mathrm{II}}(\theta,\varphi)=&[-r_0\mathrm{e}^{\beta\theta}(\cos\theta\cos\varphi-\sin\theta\sin\alpha\sin\varphi)]\boldsymbol{i}+\\&[r_0\mathrm{e}^{\beta\theta}(\cos\theta\sin\varphi+\sin\theta\sin\alpha\cos\varphi)]\boldsymbol{j}+\\&(r_0\mathrm{e}^{\beta\theta}\sin\theta\cos\alpha)\boldsymbol{k}\end{aligned}\tag{3-47}$$

设齿轮2的齿面 Σ^{II} 的方程式为

$$\boldsymbol{r}^{\mathrm{II}}(\theta,\varphi)=x_2(\theta,\varphi)\boldsymbol{i}_2+y_2(\theta,\varphi)\boldsymbol{j}_2+z_2(\theta,\varphi)\boldsymbol{k}_2$$

式中

$$\begin{cases}x_2(\theta,\varphi)=-r_0\mathrm{e}^{\beta\theta}(\cos\theta\cos\varphi-\sin\theta\sin\alpha\sin\varphi)\\y_2(\theta,\varphi)=r_0\mathrm{e}^{\beta\theta}(\cos\theta\sin\varphi+\sin\theta\sin\alpha\cos\varphi)\\z_2(\theta,\varphi)=r_0\mathrm{e}^{\beta\theta}\sin\theta\cos\alpha\end{cases}\tag{3-48}$$

$$\alpha=\arcsin(\sin\beta\sin\gamma)$$

由式（3-25）得坐标变换公式 $\boldsymbol{M}_{S_1S_2}$ 为

$$\boldsymbol{M}_{S_1S_2}=\boldsymbol{M}_{S_1S}\boldsymbol{M}_{SS_2}$$

$$=\begin{pmatrix}\cos\varphi_1\cos\varphi_2+\sin\varphi_1\sin\varphi_2\cos\Sigma & \sin\varphi_1\cos\varphi_2\cos\Sigma-\cos\varphi_1\sin\varphi_2 & \sin\varphi_1\sin\Sigma\\ \cos\Sigma\sin\varphi_2\cos\varphi_1-\sin\varphi_1\cos\varphi_2 & \cos\Sigma\cos\varphi_2\cos\varphi_1+\sin\varphi_2\sin\varphi_1 & \cos\varphi_1\sin\Sigma\\ -\sin\Sigma\sin\varphi_2 & -\sin\Sigma\cos\varphi_2 & \cos\Sigma\end{pmatrix}\tag{3-49}$$

则 Σ^{II} 在坐标系 S_1 中的齿面方程为

$$\begin{cases}x_1'=-r_0\mathrm{e}^{\beta\theta}(\cos\theta\cos\varphi-\sin\theta\sin\alpha\sin\varphi)(\cos\varphi_1\cos\varphi_2+\sin\varphi_1\sin\varphi_2\cos\Sigma)+\\\quad r_0\mathrm{e}^{\beta\theta}(\cos\theta\sin\varphi+\sin\theta\sin\alpha\cos\varphi)(\sin\varphi_1\cos\varphi_2\cos\Sigma-\cos\varphi_1\sin\varphi_2)+\\\quad r_0\mathrm{e}^{\beta\theta}\sin\theta\cos\alpha\sin\varphi_1\sin\Sigma\\y_1'=-r_0\mathrm{e}^{\beta\theta}(\cos\theta\cos\varphi-\sin\theta\sin\alpha\sin\varphi)(\cos\Sigma\sin\varphi_2\cos\varphi_1-\sin\varphi_1\cos\varphi_2)+\\\quad r_0\mathrm{e}^{\beta\theta}(\cos\theta\sin\varphi+\sin\theta\sin\alpha\cos\varphi)(\cos\Sigma\cos\varphi_2\cos\varphi_1+\sin\varphi_2\sin\varphi_1)+\\\quad r_0\mathrm{e}^{\beta\theta}\sin\theta\cos\alpha\cos\varphi_1\sin\Sigma\\z_1'=r_0\mathrm{e}^{\beta\theta}(\cos\theta\cos\varphi-\sin\theta\sin\alpha\sin\varphi)\sin\Sigma\sin\varphi_2-\\\quad r_0\mathrm{e}^{\beta\alpha}(\cos\alpha\sin\varphi+\sin\alpha\sin\theta\cos\varphi)\sin\Sigma\cos\varphi_2+\\\quad r_0\mathrm{e}^{\beta\alpha}\sin\alpha\cos\theta\cos\Sigma\end{cases}\tag{3-50}$$

式（3-50）表示齿面 Σ^{II} 相对坐标系 S_1 各个不同位置的曲面，由第4章包络曲面知识可知，曲面 Σ^{II} 的包络曲面族 C 的包络面即为所求的共轭曲面 Σ^{I}。由式（3-50）可知曲面族 C 的方程式是关于变量 θ，φ，φ_1，Σ 的函数，则曲面族 C 的矢量方程可写为

$$\boldsymbol{r}_2(\theta,\varphi,\varphi_1,\Sigma)=x_1'(\theta,\varphi,\varphi_1,\Sigma)\boldsymbol{i}_1+y_1'(\theta,\varphi,\varphi_1,\Sigma)\boldsymbol{j}_1+z_1'(\theta,\varphi,\varphi_1,\Sigma)\boldsymbol{k}_1\tag{3-51}$$

由式（3－50）、式（3－51）可以看出，包络曲面族为双参数曲面族，θ，φ 为曲面族中曲面参数，φ_1，Σ 为曲面族族参数。当固定一个族参数时，如固定 φ_1 时，坐标 x_1'，y_1'，z_1' 则分别是另一个族参数 Σ 的函数，同时也是两齿轮瞬时接触线 C^{φ_1} 的坐标。同理，固定参数 Σ 时，坐标 x_1'，y_1'，z_1' 则分别是另一个族参数 φ_1 的函数，同时也是两齿轮瞬时接触线 C^{Σ} 的坐标。两个互为包络齿面中的另一个面，都被曲线 C^{φ_1} 和 C^{Σ} 所构成的曲线网所布满。当两个参数 φ_1 和 Σ 同时变动时，相互啮合的两齿面将在曲线 C^{φ_1} 和 C^{Σ} 的交点处接触。由此可以看出，θ，φ 都是 φ_1 和 Σ 的函数，因此可设：

$$\theta = \theta(\varphi_1, \Sigma) \tag{3-52}$$

$$\varphi = \varphi(\varphi_1, \Sigma) \tag{3-53}$$

曲面族 C 的包络面 Σ^{I} 的切平面 Q 由如下两个矢量确定：

$$\frac{\partial \boldsymbol{r}_2^{\mathrm{I}}}{\partial \theta}\frac{\partial \theta}{\partial \varphi_1} + \frac{\partial \boldsymbol{r}_2^{\mathrm{I}}}{\partial \varphi}\frac{\partial \varphi}{\partial \varphi_1} + \frac{\partial \boldsymbol{r}_2^{\mathrm{I}}}{\partial \varphi_1} \tag{3-54}$$

$$\frac{\partial \boldsymbol{r}_2^{\mathrm{I}}}{\partial \theta}\frac{\partial \theta}{\partial \Sigma} + \frac{\partial \boldsymbol{r}_2^{\mathrm{I}}}{\partial \varphi}\frac{\partial \varphi}{\partial \Sigma} + \frac{\partial \boldsymbol{r}_2^{\mathrm{I}}}{\partial \Sigma} \tag{3-55}$$

当同时固定参数 φ_1 和 Σ 时，在坐标系 S_1 中，齿轮 2 的齿面 $\Sigma_{\varphi_1\Sigma}^{\mathrm{I}}$ 的切平面由矢量 $\frac{\partial \boldsymbol{r}_2^{\mathrm{I}}}{\partial \theta}$ 和 $\frac{\partial \boldsymbol{r}_2^{\mathrm{I}}}{\partial \varphi}$ 确定。为使包络面 Σ^{I} 和齿面 $\Sigma_{\varphi_1\Sigma}^{\mathrm{I}}$ 有公共切平面，矢量（3－54）、（3－55）和矢量 $\frac{\partial \boldsymbol{r}_2^{\mathrm{I}}}{\partial \theta}$、$\frac{\partial \boldsymbol{r}_2^{\mathrm{I}}}{\partial \varphi}$ 必须在同一平面内，也即矢量 $\frac{\partial \boldsymbol{r}_2^{\mathrm{I}}}{\partial \theta}$、$\frac{\partial \boldsymbol{r}_2^{\mathrm{I}}}{\partial \varphi}$、$\frac{\partial \boldsymbol{r}_2^{\mathrm{I}}}{\partial \varphi_1}$ 在同一平面，且矢量 $\frac{\partial \boldsymbol{r}_2^{\mathrm{I}}}{\partial \theta}$、$\frac{\partial \boldsymbol{r}_2^{\mathrm{I}}}{\partial \varphi}$、$\frac{\partial \boldsymbol{r}_2^{\mathrm{I}}}{\partial \Sigma}$ 也在同一平面内，即有它们的混合积为零：

$$\left[\frac{\partial \boldsymbol{r}_2^{\mathrm{I}}}{\partial \theta}, \frac{\partial \boldsymbol{r}_2^{\mathrm{I}}}{\partial \varphi}, \frac{\partial \boldsymbol{r}_2^{\mathrm{I}}}{\partial \varphi_1}\right] = 0 \tag{3-56}$$

$$\left[\frac{\partial \boldsymbol{r}_2^{\mathrm{I}}}{\partial \theta}, \frac{\partial \boldsymbol{r}_2^{\mathrm{I}}}{\partial \varphi}, \frac{\partial \boldsymbol{r}_2^{\mathrm{I}}}{\partial \Sigma}\right] = 0 \tag{3-57}$$

设 $\frac{\partial \boldsymbol{r}_2^{\mathrm{I}}}{\partial \theta}$ 向量对应坐标为（x_θ，y_θ，z_θ）；$\frac{\partial \boldsymbol{r}_2^{\mathrm{I}}}{\partial \varphi}$ 向量对应坐标为（x_φ，y_φ，z_φ）；$\frac{\partial \boldsymbol{r}_2^{\mathrm{I}}}{\partial \Sigma}$ 向量对应坐标为（x_Σ，y_Σ，z_Σ）；$\frac{\partial \boldsymbol{r}_2^{\mathrm{I}}}{\partial \varphi_2}$ 向量对应坐标为（x_{φ_2}，y_{φ_2}，z_{φ_2}）；则由空间解析几何，式（3－56）、式（3－57）可化为如下两式：

$$\begin{vmatrix} x_\theta & y_\theta & z_\theta \\ x_\varphi & y_\varphi & z_\varphi \\ x_{\varphi_2} & y_{\varphi_2} & z_{\varphi_2} \end{vmatrix} = 0; \begin{vmatrix} x_\theta & y_\theta & z_\theta \\ x_\varphi & y_\varphi & z_\varphi \\ x_\Sigma & y_\Sigma & z_\Sigma \end{vmatrix} = 0 \tag{3-58}$$

由式（3－58）便确定了式（3－52）、式（3－53）两式的具体关系式，也即在式（3－51）的前提下确定了包络面上 C^{φ_1} 和 C^{Σ} 所构成的曲线网的所有交点，也即整个包络面，因此联立式（3－48）、式（3－51）、式（3－58）便确定了曲面族 C 的包络面 Σ^{II} 的方程式，也即与齿轮 1 齿面 Σ^{I} 共轭的齿面 Σ^{II}。

3.3.2 啮合线

弧齿锥齿轮和延伸外摆线齿锥齿轮的齿廓曲线为球面渐开线，是以背锥展开研究，本文同样选取球面渐开线为对数螺旋锥齿轮的齿廓曲线，但由于弧齿锥齿轮和延伸外摆线齿锥齿轮形成的齿形不同于对数螺旋锥齿轮的齿形，因此各自的啮合线方程不同。

球面渐开线啮合线均由所形成的齿面与以基锥顶点为圆心的球面相交而得。由图 3－7 及式（3－8）可得对数螺旋锥齿轮在 $O-xyz$ 坐标系内的啮合线方程为

$$\begin{cases} x = r_0 e^{\beta\theta}\cos\theta\sin\varphi + r_0 e^{\beta\theta}\sin\theta\cos\varphi\sin\alpha \\ y = r_0 e^{\beta\theta}\sin\theta\sin\varphi\sin\alpha - r_0 e^{\beta\theta}\cos\theta\cos\varphi \\ z = r_0 e^{\beta\theta}\sin\theta\cos\alpha \\ \sqrt{x^2+y^2+z^2} = l \end{cases} \tag{3-59}$$

式中，l 为基锥母线长，也即图 3－3 中 C 点的轨迹曲线或图 3－7 中 N 点的轨迹曲线，则齿轮在传动时便沿着该曲线在齿高方向进行啮合，由方程的形式可知，其啮合线即为对数螺旋线。

3.3.3 接触线与共轭曲面分析

在螺旋锥齿轮传动研究中，齿向线为齿面与节锥的交线，且认为啮合过程中齿面的接触点轨迹为齿向线的等距曲线，因对数螺旋线的等距曲线全等于对数螺旋线，所以对于对数螺旋锥齿轮而言，其齿面接触线为一条对数螺旋线。

考虑到曲面分析的复杂性，在分析共轭曲面时可将曲面的共轭关系问题转换到齿向线共轭关系上，即根据节锥上一对共轭曲线进行分析。对数螺旋锥齿轮齿向线为一条圆锥对数螺旋线，如图 3－12 所示，其半锥角为 α，以其锥顶 O 为原点建立坐标系 $O-xyz$（z 轴过圆锥的中心线），在锥面上任取一点 M_0 作为螺旋线的起点，其距圆锥中心线 Oz 的距离为 r_0，点 $M[x(\varphi), y(\varphi), z(\varphi)]$ 则为螺旋线上另一点，其相对 M_0 转过角度 φ，距上底面中心 O_1 的距离为 r。设 M 点圆锥母线方向矢量为 $\boldsymbol{P}$，螺旋线 M_0M 在 M 点的切矢量为 $\boldsymbol{T}$，则有

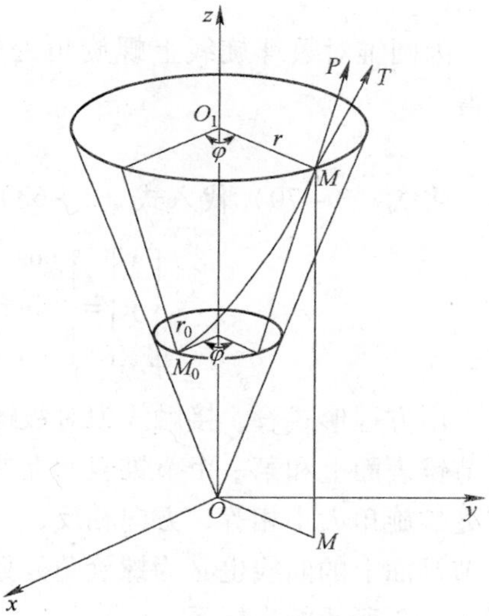

图 3－12 圆锥对数螺旋线

$$\boldsymbol{OM} = x(\varphi)\boldsymbol{i} + y(\varphi)\boldsymbol{j} + z(\varphi)\boldsymbol{k} \tag{3-60}$$

式中，$\boldsymbol{i}$、$\boldsymbol{j}$、$\boldsymbol{k}$ 分别为三坐标轴的单位矢量。

$$\begin{cases} x(\varphi) = r(\varphi)\cos\varphi \\ y(\varphi) = r(\varphi)\sin\varphi \\ z(\varphi) = r(\varphi)\cot\alpha \end{cases} \tag{3-61}$$

将式（3－39）、式（3－40）、式（3－41）代入式（3－38）得：

$$\boldsymbol{OM} = r(\varphi)\cos\varphi\boldsymbol{i} + r(\varphi)\sin\varphi\boldsymbol{j} + r(\varphi)\cot\alpha\boldsymbol{k} \tag{3-62}$$

写成矩阵形式为

$$\begin{bmatrix} x \\ y \\ z \end{bmatrix} = \begin{bmatrix} \cos\varphi & -\sin\varphi & 0 \\ \sin\varphi & \cos\varphi & 0 \\ 0 & 0 & 1 \end{bmatrix} \begin{bmatrix} r(\varphi) \\ 0 \\ r(\varphi)\cot\alpha \end{bmatrix} \tag{3-63}$$

由此可得

$$\boldsymbol{P} = r'(\varphi)\cos\varphi\boldsymbol{i} + r'(\varphi)\sin\varphi\boldsymbol{j} + r'(\varphi)\cot\alpha\boldsymbol{k} \tag{3-64}$$

$$|\boldsymbol{P}|^2 = r'^2(j) + r'^2(j)\cot^2\alpha \tag{3-65}$$

$$\boldsymbol{T} = [r'(\varphi)\cos\varphi - r(\varphi)\sin\varphi]\boldsymbol{i} + [r'(\varphi)\sin\varphi + r(\varphi)\cos\varphi]\boldsymbol{j} + r'(\varphi)\cot\alpha\boldsymbol{k} \tag{3-66}$$

$$|\boldsymbol{T}|^2 = r'^2(\varphi) + r^2(\varphi) + r'^2(\varphi)\cot^2\alpha \tag{3-67}$$

由矢量积的关系可得

$$\cos\beta = \frac{\boldsymbol{T} \cdot \boldsymbol{P}}{|\boldsymbol{T}||\boldsymbol{P}|} \tag{3-68}$$

将式（3－64）、式（3－65）、式（3－66）、式（3－67）代入式（3－68）得

$$\tan\beta = \frac{\boldsymbol{r}(\varphi)}{\boldsymbol{r}'(\varphi)}\sin\alpha \tag{3-69}$$

因圆锥对数螺旋线上螺旋角处处相等，所以 β 为常数，则对式（3－69）两边求积分得

$$\boldsymbol{r}(\varphi) = r_0 e^{\varphi\sin\alpha\cot\beta} \tag{3-70}$$

将式（3－70）代入式（3－63），则接触线方程为

$$\begin{bmatrix} x \\ y \\ z \end{bmatrix} = \begin{bmatrix} \cos\varphi & -\sin\varphi & 0 \\ \sin\varphi & \cos\varphi & 0 \\ 0 & 0 & 1 \end{bmatrix} \begin{bmatrix} r_0 e^{\varphi\sin\alpha\cot\beta} \\ 0 \\ r_0 e^{\varphi\sin\alpha\cot\beta}\cot\alpha \end{bmatrix} \tag{3-71}$$

由方程形式看，接触线为对数螺旋线，当两节锥在做纯滚动时，总有一条曲线在第二个节锥表面上和第一个节锥表面上的对数螺旋线共轭，由空间曲线共轭的基本条件：啮合点处螺旋角大小相等，方向相反，可知与第一个节锥面上的对数螺旋圆锥曲线共轭的另一条节锥面上的曲线也必为螺旋角处处相等的对数螺旋线，只不过是二者旋向相反。建立如图 3－13 所示的坐标系。

坐标变换公式：

$$\begin{bmatrix} x \\ y \\ z \end{bmatrix} = \begin{bmatrix} 1 & 0 & 0 \\ 0 & \cos\Sigma & \sin\Sigma \\ 0 & -\sin\Sigma & \cos\Sigma \end{bmatrix} \begin{bmatrix} x_2 \\ y_2 \\ z_2 \end{bmatrix} \tag{3-72}$$

因此共轭曲线 2 在坐标系 $O-xyz$ 中的方程形式为

$$\begin{bmatrix} x \\ y \\ z \end{bmatrix} = \begin{bmatrix} 1 & 0 & 0 \\ 0 & \cos\Sigma & \sin\Sigma \\ 0 & -\sin\Sigma & \cos\Sigma \end{bmatrix} \begin{bmatrix} \cos\varphi & -\sin\varphi & 0 \\ \sin\varphi & \cos\varphi & 0 \\ 0 & 0 & 1 \end{bmatrix} \begin{bmatrix} r_0 e^{\varphi\sin\alpha\cot\beta} \\ 0 \\ r_0 e^{\varphi\sin\alpha\cot\beta}\cot\alpha \end{bmatrix} \tag{3-73}$$

由上可知，对数螺旋锥齿轮啮合转动时，两节锥沿一对共轭的对数螺旋线作纯滚动，

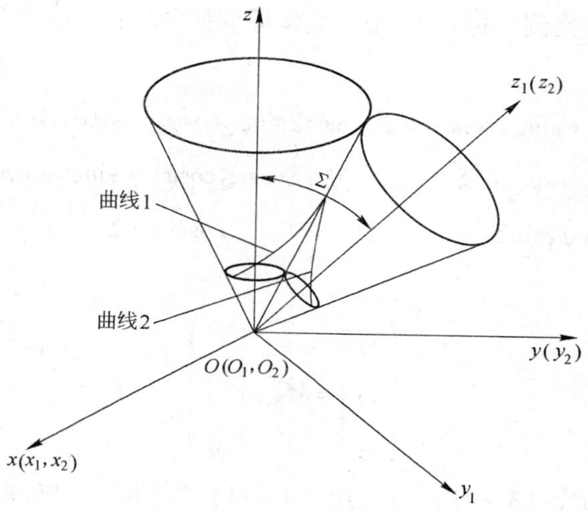

图3-13 齿向线的共轭

其共轭性等同于两啮合齿面的共轭性，因此对数螺旋锥齿轮的共轭齿面也为对数螺旋曲面或对数螺旋线齿形球面渐开线锥面，保证了啮合时的等螺旋角特性。

3.3.4 共轭齿面的啮合界限函数

一对共轭曲面要保证良好的传动性能，仅满足啮合条件还远远不够，本节讨论啮合界限条件。所谓啮合界限函数是指参加啮合部分和不参加啮合部分的界限曲线（分界线）的函数，它对于提高传动系统的寿命和避免干涉均有重要意义。

两个共轭曲面的啮合界限函数一般是用标量的形式表示，前面已经求得了曲面Σ^{I}的齿面方程，与其啮合的曲面Σ^{II}（或者说是曲面Σ^{I}的包络面）的共轭曲面方程通过如下的步骤求出。

令共轭曲面方程的表达式为

$$\Phi(\theta,\ \varphi,\ \varphi_1)=0 \tag{3-74}$$

已知共轭曲面的方程在坐标系S_2中的方程：

$$\begin{cases} x_1' = -r_0\mathrm{e}^{\beta\theta}(\cos\theta\cos\varphi-\sin\theta\sin\alpha\sin\varphi)(\cos\varphi_1\cos\varphi_2+\sin\varphi_1\sin\varphi_2\cos\Sigma)+ \\ \quad r_0\mathrm{e}^{\beta\theta}(\cos\theta\sin\varphi+\sin\theta\sin\alpha\cos\varphi)(\sin\varphi_1\cos\varphi_2\cos\Sigma-\cos\varphi_1\sin\varphi_2)+ \\ \quad r_0\mathrm{e}^{\beta\theta}\sin\theta\cos\alpha\sin\varphi_1\sin\Sigma \\ y_1' = -r_0\mathrm{e}^{\beta\theta}(\cos\theta\cos\varphi-\sin\theta\sin\alpha\sin\varphi)(\cos\Sigma\sin\varphi_2\cos\varphi_1-\sin\varphi_1\cos\varphi_2)+ \\ \quad r_0\mathrm{e}^{\beta\theta}(\cos\theta\sin\varphi+\sin\theta\sin\alpha\cos\varphi)(\cos\Sigma\cos\varphi_2\cos\varphi_1+\sin\varphi_2\sin\varphi_1)+ \\ \quad r_0\mathrm{e}^{\beta\theta}\sin\theta\cos\alpha\cos\varphi_1\sin\Sigma \\ z_1' = r_0\mathrm{e}^{\beta\theta}(\cos\theta\cos\varphi-\sin\theta\sin\alpha\sin\varphi)\sin\Sigma\sin\varphi_2- \\ \quad r_0\mathrm{e}^{\beta\alpha}(\cos\alpha\sin\varphi+\sin\alpha\sin\theta\cos\varphi)\sin\Sigma\cos\varphi_2+ \\ \quad r_0\mathrm{e}^{\beta\alpha}\sin\alpha\cos\theta\cos\Sigma \end{cases} \tag{3-75}$$

将共轭曲面方程变换到坐标系 S_1 中，其坐标变换公式：

$$\boldsymbol{M}_{S_2S_1}=\boldsymbol{M}_{S_1S_2}^{-1}=\begin{pmatrix}\cos\varphi_1\cos\varphi_2+\sin\varphi_1\sin\varphi_2\cos\Sigma & \cos\Sigma\sin\varphi_2\cos\varphi_2-\sin\varphi_1\cos\varphi_2 & -\sin\Sigma\sin\varphi_2\\ \sin\varphi_1\cos\varphi_2\cos\Sigma & \cos\Sigma\cos\varphi_2\cos\varphi_1+\sin\varphi_2\sin\varphi_1 & -\sin\Sigma\cos\varphi_2\\ \sin\varphi_1\sin\Sigma & \cos\varphi_1\sin\Sigma & \cos\Sigma\end{pmatrix}\tag{3-76}$$

$$\begin{bmatrix}x_2\\ y_2\\ z_2\end{bmatrix}=\boldsymbol{M}_{S_2S_1}\begin{bmatrix}x_1'\\ y_1'\\ z_1'\end{bmatrix}\tag{3-77}$$

将式（3－76）和式（3－77）带入式（3－74）得到的是共轭曲面的矢量方程：

$$\boldsymbol{r}(\theta,\varphi,\varphi_1)=\begin{pmatrix}\cos\varphi_1\cos\varphi_2+\sin\varphi_1\sin\varphi_2\cos\Sigma & \sin\varphi_1\cos\varphi_2\cos\Sigma-\cos\varphi_1\sin\varphi_2 & \sin\varphi_1\sin\Sigma\\ \cos\Sigma\sin\varphi_2\cos\varphi_1-\sin\varphi_1\cos\varphi_2 & \cos\Sigma\cos\varphi_2\cos\varphi_1+\sin\varphi_2\sin\varphi_1 & \cos\varphi_1\sin\Sigma\\ \sin\Sigma\sin\varphi_2 & \sin\Sigma\cos\varphi_2 & \cos\Sigma\end{pmatrix}\begin{bmatrix}-r_0e^{\beta\theta}(\cos\theta\cos\varphi-\sin\theta\sin\alpha\sin\varphi)\\ r_0e^{\beta\theta}(\cos\theta\sin\varphi+\sin\theta\sin\alpha\cos\varphi)\\ r_0e^{\beta\theta}\sin\theta\cos\alpha\end{bmatrix}=0\tag{3-78}$$

将其中的 φ_2 均换成 $i_{21}\varphi_1$：

$$\begin{aligned}\boldsymbol{\Phi}(\theta,\varphi,\varphi_1)=&[\beta\sin\theta\cos\alpha+\cos\theta\cos\alpha]\cdot[\sin\varphi\sin\theta\sin\alpha-\cos\theta\cos\varphi]\cdot\\&\{[-\omega_2\sin(i_{21}\varphi_1)+\frac{1}{i_{21}}\omega_2\cos\Sigma\sin(i_{21}\varphi_1)]\cdot\\&[\cos\varphi_1\cos(i_{21}\varphi_1)+\sin\varphi_1\sin(i_{21}\varphi_1)\cdot\cos\Sigma+\\&\cos\varphi_1\sin(i_{21}\varphi_1)\cos\Sigma-\sin\varphi_1\cos(i_{21}\varphi_1)-\sin(i_{21}\varphi_1)\sin\Sigma]+\\&[\frac{1}{i_{21}}\omega_2\cos\Sigma\cos(i_{21}\varphi_1)-\omega_2\cos(i_{21}\varphi_1)]\cdot\\&[\sin\varphi_1\cos(i_{21}\varphi_1)\cos\Sigma-\cos\varphi_1\sin(i_{21}\varphi_1)+\cos\varphi_1\cos(i_{21}\varphi_1)\cos\Sigma+\\&\sin\varphi_1\sin(i_{21}\varphi_1)-\cos(i_{21}\varphi_1)\sin\Sigma]\}+\\&\frac{1}{i_{21}}\omega_2\sin\Sigma[\sin\varphi_1\sin\Sigma+\cos\varphi_1\sin\Sigma+\cos\Sigma]\end{aligned}\tag{3-79}$$

由上述可得共轭曲面方程的两个表达式是

$$\boldsymbol{\Phi}(\theta,\varphi,\varphi_1)=0$$
$$r(\theta,\varphi,\varphi_1)=0$$

如图3－14所示，$\boldsymbol{g}_1$ 和 $\boldsymbol{g}_2$ 是沿主方向的幺矢，φ_v 为从 $\boldsymbol{g}_1$ 到 $\boldsymbol{v}_{12}$ 的有向角，φ_α 为从 α 到 $\boldsymbol{g}_1$ 的有向角。

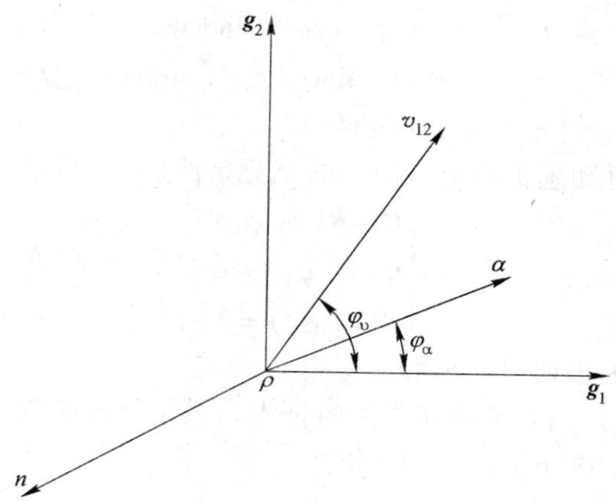

图 3－14 啮合界限函数坐标系

若 Φ_θ 和 Φ_φ 同时等于零，这时方程 $\Phi(\theta,\varphi,\varphi_1)=0$ 中所有预设的变量均为常数，共轭曲面啮合方程变为了一个固定不变的点，显然是不合理的。所以 Φ_θ 和 Φ_φ 不能同时等于零，若 $\Phi_\varphi \neq 0$，可以从 $\Phi(\theta,\varphi,\varphi_1)=0$ 中解出 $\varphi=\varphi(\theta,\varphi_1)$。

则共轭曲面方程的标量表达式可以写为：$\Phi(\theta,\varphi_1)=0$。

根据啮合界限函数特征点的定义，获得了作为曲面族 Σ^{II} 的包络面 Σ^{I} 上的特征点的条件式：

$$\Phi(\theta,\varphi,\varphi_1)=0;\ \Phi_{\varphi_1}(\theta,\varphi,\varphi_1)=0 \tag{3-80}$$

把标量函数 $\Phi_{\varphi_1}(\theta,\varphi,\varphi_1)=0$ 称为共轭曲面$[\Sigma^{\text{I}},\Sigma^{\text{II}}]$的啮合界限函数。

由上面的推导可知：

$$\begin{aligned}\Phi_{\varphi_1}(\theta,\varphi,\varphi_1)=&[\beta\sin\theta\cos\alpha+\cos\theta\cos\alpha][\sin\varphi\sin\theta\sin\alpha-\cos\theta\cos\varphi]\cdot\\&\Big\{\omega_2\cos(i_{21}\varphi_1)(\cos\Sigma-i_{21})[\cos\varphi_1\cos(i_{21}\varphi_1)+\\&\sin\varphi_1\sin(i_{21}\varphi_1)\cos\Sigma+\cos\varphi_1\sin(i_{21}\varphi_1)\cos\Sigma-\\&\sin\varphi_1\cos(i_{21}\varphi_1)-\sin(i_{21}\varphi_1)\sin\Sigma]-\\&\left[\frac{1}{i_{21}}\omega_2\cos\Sigma\sin(i_{21}\varphi_1)-\omega_2\sin(i_{21}\varphi_1)\right]\\&i_{21}\cos(i_{21}\varphi_1)\sin\Sigma-\omega_2\sin(i_{21}\varphi_1)(\cos\Sigma-i_{21})\\&[\sin\varphi_1\cos(i_{21}\varphi_1)\cos\Sigma-\cos\varphi_1\sin(i_{21}\varphi_1)+\\&\cos\varphi_1\cos(i_{21}\varphi_1)\cos\Sigma+\sin\varphi_1\sin(i_{21}\varphi_1)-\cos(i_{21}\varphi_1)\sin\Sigma]+\\&\left[\frac{1}{i_{21}}\omega_2\cos\Sigma\cos(i_{21}\varphi_1)-\omega_2\cos(i_{21}\varphi_1)\right]\\&i_{21}\sin(i_{21}\varphi_1)\sin\Sigma\Big\}+\frac{1}{i_{21}}\omega_2\sin\Sigma\\&[\cos\varphi_1\sin\Sigma-\sin\varphi_1\sin\Sigma+\cos\Sigma]\end{aligned} \tag{3-81}$$

共轭曲面是否发生根切的界限条件直接影响到对数螺旋锥齿轮的加工工艺，满足该条件的函数称之为啮合的根切界限函数 ψ。

在 3.1 节中已求得了在啮合坐标系下的齿面方程为

$$\begin{aligned}\boldsymbol{R} = & [r_0 e^{\beta\theta}\cos\theta\sin\varphi_1 + r_0 e^{\beta\theta}\sin\theta\cos\varphi_1\sin\alpha]\boldsymbol{i} + \\ & [r_0 e^{\beta\theta}\sin\theta\sin\varphi_1\sin\alpha - r_0 e^{\beta\theta}\cos\theta\cos\varphi_1]\boldsymbol{j} + \\ & [r_0 e^{\beta\theta}\sin\theta\cos\alpha]\boldsymbol{k}\end{aligned}$$

由界限函数的定义可知满足啮合齿向线的充要条件是

$$\begin{cases}\boldsymbol{R} = \boldsymbol{R}(\theta, \varphi_1) \\ \Phi(\theta, \varphi_1) = 0 \\ \psi(\theta, \varphi_1) = 0\end{cases} \tag{3-82}$$

式中，$\psi(\theta, \varphi_1) = 0$ 即为根切界限函数。

要想满足式（3－82）根切界限函数的特征点，其条件式必为

$$\boldsymbol{\Phi}(\theta, \varphi, \varphi_1) = 0$$

$$\Psi(\theta, \varphi, \varphi_1) = \begin{vmatrix} \boldsymbol{R}_\theta^2 & \boldsymbol{R}_\theta \boldsymbol{R}_\varphi & \boldsymbol{R}_\theta \boldsymbol{R}_{\varphi_1} \\ \boldsymbol{R}_\varphi \boldsymbol{R}_\theta & \boldsymbol{R}_\varphi^2 & \boldsymbol{R}_\varphi \boldsymbol{R}_{\varphi_1} \\ \boldsymbol{\Phi}_\theta & \boldsymbol{\Phi}_\varphi & \boldsymbol{\Phi}_{\varphi_1} \end{vmatrix} = 0$$

变形化解为

$$\Psi(\theta, \varphi, \varphi_1) = \begin{vmatrix} E & F & R_\theta^2 \cdot v_{12} \\ F & G & R_\varphi^2 \cdot v_{12} \\ \boldsymbol{\Phi}_\theta & \boldsymbol{\Phi}_\varphi & \boldsymbol{\Phi}_{\varphi_1} \end{vmatrix} \cdot \frac{1}{D^2}$$

$$D^2 = EG - F^2$$

求得：

$$\begin{cases} R_\theta = r_0\beta^2\theta e^{\beta\theta}(\cos\theta\sin\varphi_1 + \sin\theta\cos\varphi_1\sin\alpha + \sin\theta\sin\varphi_1\sin\alpha - \cos\theta\cos\varphi_1 + \\ \quad \sin\theta\cos\alpha) + r_0 e^{\beta\theta}[\sin\theta(\cos\varphi_1 - \sin\varphi_1) + \cos\theta\sin\alpha(\cos\varphi_1 + \sin\varphi_1) + \cos\theta\cos\alpha] \\ R_\varphi = 0 \\ \boldsymbol{\Phi}_\varphi = [\beta\sin\theta\cos\alpha + \cos\theta\cos\alpha][\cos\varphi\sin\theta\sin\alpha + \cos\theta\sin\varphi]\{[-\omega_2\sin(i_{21}\varphi_1) + \frac{1}{i_{21}} \\ \quad \omega_2\cos\Sigma\sin(i_{21}\varphi_1)][\cos\varphi_1\cos(i_{21}\varphi_1) + \sin\varphi_1\sin(i_{21}\varphi_1)\cos\Sigma + \\ \quad \cos\varphi_1\sin(i_{21}\varphi_1)\cos\Sigma - \sin\varphi_1\cos(i_{21}\varphi_1) - \sin(i_{21}\varphi_1)\sin\Sigma] + [\frac{1}{i_{21}}\omega_2 \\ \quad \cos\Sigma\cos(i_{21}\varphi_1) - \omega_2\cos(i_{21}\varphi_1)][\sin\varphi_1\cos(i_{21}\varphi_1)\cos\Sigma - \cos\varphi_1\sin(i_{21}\varphi_1) + \\ \quad \cos\varphi_1\cos(i_{21}\varphi_1)\cos\Sigma + \sin\varphi_1\sin(i_{21}\varphi_1) - \cos(i_{21}\varphi_1)\sin\Sigma]\} + \frac{1}{i_{21}}\omega_2\sin\Sigma \\ \quad [\sin\varphi_1\sin\Sigma + \cos\varphi_1\sin\Sigma + \cos\Sigma] \end{cases} \tag{3-83}$$

因此可得根切界限函数 ψ 的公式：

$$\begin{aligned}\psi &= \frac{1}{EG}(EG\boldsymbol{\Phi}_{\varphi_1} + EG\mu g_2 \cdot v_{12} + EG\lambda g_1 \cdot v_{12}) \\ &= \lambda(g_1 \cdot v_{12}) + \mu(g_2 \cdot v_{12}) + \boldsymbol{\Phi}_{\varphi_1}\end{aligned} \tag{3-84}$$

式中，$\boldsymbol{\Phi}_{\varphi_1}$ 已经求出，带入即为啮合的根切界限函数。

3.3.5　共轭齿面啮合的诱导法曲率

两共轭曲面之间的诱导法曲率是决定该齿轮传动齿面接触强度大小的重要因素，计算两共轭曲面的诱导法曲率可以为评价对数螺旋锥齿轮传动性能及最佳优化参数提供理论依据。

由啮合曲面的空间几何关系可知共轭曲面诱导法曲率的计算公式为：

$$k_n^{(12)} = \frac{1}{\psi}(\lambda\cos\varphi_\alpha + \mu\sin\varphi_\alpha)^2 \tag{3-85}$$

ω_{21}沿两节锥公共母线方向，g_2、p、g_1构成公共切平面（啮合面），ω_{21}也在公切面内，且与v_{21}垂直，$\boldsymbol{n}$是共轭曲面的公法线。

则有：

$$\begin{aligned}
\omega_{21}\cdot g_2 &= |\omega_{21}|\cdot|g_2|\cos\varphi_v = |\omega_{21}|\cos\varphi_v \\
v_{21}\cdot g_1 &= |v_{21}|\cdot|g_1|\cos\varphi_v = |v_{21}|\cos\varphi_v \\
\omega_{21}\cdot g_1 &= |\omega_{21}|\cdot|g_1|\cos\varphi_v = -|\omega_{21}|\sin\varphi_v \\
v_{21}\cdot g_2 &= |v_{21}|\cdot|g_2|\cos\left(\frac{\pi}{2}-\varphi_v\right) = |v_{21}|\cdot\sin\varphi_v
\end{aligned} \tag{3-86}$$

所以：

$$\begin{aligned}
\lambda &= \omega_{21}\cdot g_2 + k_1^{(2)}\cdot(v_{21}\cdot g_1) \\
&= |\omega_{21}|\cos\varphi_v + k_1|v_{21}|\cos\varphi_v \\
&= \frac{\cos\varphi_2}{r_0 e^{\beta\theta}}\Bigg[r_0 e^{\beta\theta}\sqrt{(\omega_2\sin\Sigma)^2+(\omega_1-\omega_2\cos\Sigma)^2} + \\
&\quad \frac{-\cos\theta-\beta\sin\theta\cos\alpha}{\sqrt{\beta^2+\cos^2\theta\cos^2\alpha-\beta^2\cos^2\theta+\beta^2\cos^2\alpha\cos^2\theta}}\cdot \\
&\quad \frac{\sqrt{(-\omega_2\sin\Sigma-\omega_1+\omega_2\cos\Sigma)^2+(x\omega_1-\omega_2\cos\Sigma)^2+(\omega_2\sin\Sigma)^2}}{\sqrt{\beta^2+\cos^2\alpha\cos^2\theta-\beta^2\cos^2\theta+\beta^2\cos^2\alpha\cos^2\theta}}\Bigg]
\end{aligned} \tag{3-87}$$

$$\begin{aligned}
\mu &= -\omega_{12}\cdot g_1 + k_2^{(2)}\cdot(v_{21}\cdot g_2) \\
&= |\omega_{21}|\sin\varphi_v + k_2\cdot|v_{21}|\cdot\sin\varphi_v \\
&= \sqrt{(\omega_2\sin\Sigma)^2+(\omega_1-\omega_2\cos\Sigma)^2} - \\
&\quad \Bigg[\frac{\cos^3\alpha\cos^2\theta+\beta^2\cos^3\alpha\cos^2\theta+\beta^2\cos\alpha\cos^2\theta+\beta^2\cos^2\alpha}{\sqrt{\beta^2+\cos^2\alpha\cos^2\theta-\beta^2\cos^2\theta+\beta^2\cos^2\alpha\cos^2\theta}\cdot r_0 e^{\beta\alpha}} + \\
&\quad \frac{\beta\sin\alpha\cos^2\theta-\beta\sin\alpha}{\sqrt{\beta^2+\cos^2\alpha\cos^2\theta-\beta^2\cos^2\theta+\beta^2\cos^2\alpha\cos^2\theta}\cdot r_0 e^{\beta\alpha}}\Bigg] \\
&\quad \Bigg(\frac{\cos\theta\cdot\sqrt{(-z\omega_2\sin\Sigma-\omega_1 y+y\omega_2\cos\Sigma)^2}}{\sqrt{\beta^2+\cos^2\alpha\cos^2\theta-\beta^2\cos^2\theta+\beta^2\cos^2\alpha\cos^2\theta}\cdot r_0 e^{\beta\alpha}} + \\
&\quad \frac{\sqrt{(x\omega_1-x\omega_2\cos\Sigma)^2+(x\omega_2\sin\Sigma)^2}}{\sqrt{\beta^2+\cos^2\alpha\cos^2\theta-\beta^2\cos^2\theta+\beta^2\cos^2\alpha\cos^2\theta}\cdot r_0 e^{\beta\alpha}}\Bigg)
\end{aligned} \tag{3-88}$$

$$
\begin{aligned}
k_n^{(12)} &= \frac{1}{\psi}(\lambda\cos\varphi_\alpha + \mu\sin\varphi_\alpha)^2 \\
&= \frac{(\lambda\cos\varphi_\alpha + \mu\sin\varphi_\alpha)^2}{\lambda(g_1 v_{12}) + \mu(g_2 v_{12}) + \Phi_{\varphi_1}} \\
&= \frac{(\lambda\cos\varphi_\alpha + \mu\sin\varphi_\alpha)^2}{[\omega_{21}g_2 + k_1^{(2)}(v_{21}g_1)](g_1 v_{12}) + [-\omega_{12}g_1 + k_2^{(2)}(v_{21}g_2)](g_2 v_{12}) + \Phi_{\varphi_1}}
\end{aligned}
\tag{3-89}
$$

第4章 对数螺旋锥齿轮的设计方法

本章根据对数螺旋锥齿轮啮合原理及传动理论，提出对数螺旋锥齿轮参数的设计方法，进而确定齿轮的基本参数，并且研究在此基础上利用三维建模软件按照齿轮参数进行齿轮的三维建模。

4.1 对数螺旋锥齿轮的主要参数

根据对数螺旋锥齿轮一般特征的了解，结合对数螺旋锥齿轮齿面形成过程的分析可知，对数螺旋锥齿轮的端面齿形为球面渐开线，其齿向线为对数螺旋线，就可以保证齿轮啮合时齿向上各点的螺旋角处处相等。而普通的格里森制螺旋锥齿轮齿向线为圆弧线，齿向上各点的螺旋角各不相同，就出现了名义螺旋角的概念。因此对其主要参数的设计将结合格里森制螺旋锥齿轮和其自身特性来进行。

4.1.1 锥齿轮的特征锥面及角度

锥齿轮的基本参数是由几个重要锥面和角度的特定关系所组成，如图 4－1 所示。

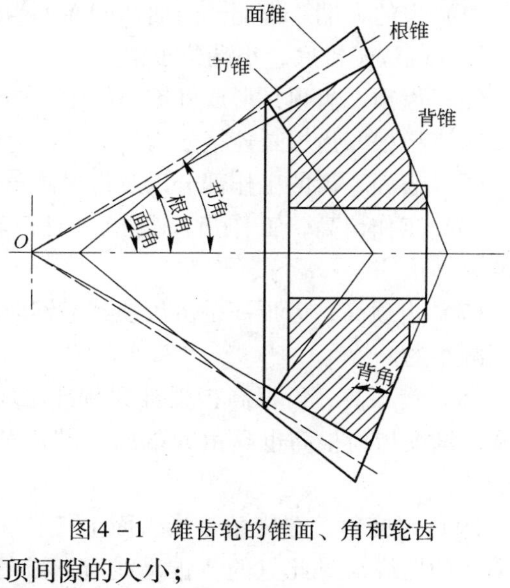

图 4－1 锥齿轮的锥面、角和轮齿

锥齿轮中的五个锥面包括：

（1）节锥，一个假想的圆锥，与锥齿轮同轴，锥顶位于两轮轴线的交点上；

（2）背锥，位于锥齿轮的大端处垂直于节锥锥面，背锥与节锥相交于节圆上，其轴线与齿轮的轴线重合；

（3）面锥，是包括锥齿轮齿顶的锥面，面锥的位置误差直接影响到齿的高低和齿顶间隙的大小；

（4）根锥，是一个假想的圆锥，锥面与锥齿轮齿根表面相切；

（5）前锥，位于锥齿轮轮齿的小端处，垂直于节锥的锥面，前锥是确定小端轮齿尺寸的锥面。

下面是锥齿轮中的四个角度：

（1）节角，是指锥齿轮轴线和节锥母线间的夹角，相交轴线齿轮两轮的节角之和等于两轮传动的轴线交角；

（2）根角，指锥齿轮轴线和根锥母线间的夹角；

（3）面角，指面锥母线和轴线间的夹角，面角的制造准确与否将直接影响齿顶间隙甚至于产生干涉；

（4）背角，指背锥母线和回转平面间的夹角。

4.1.2　轮齿的几何要素

轮齿的几何要素如图4-2所示。

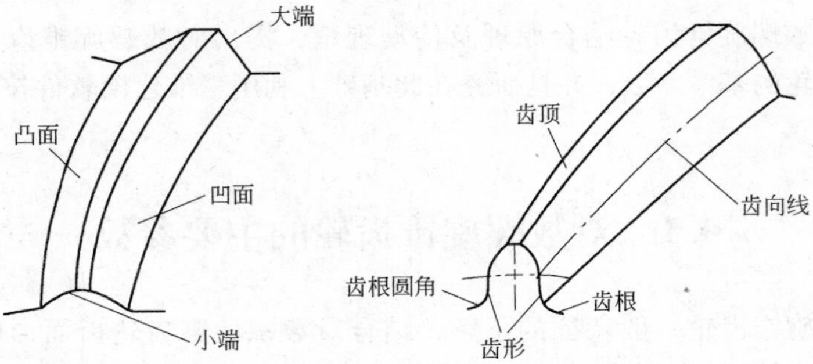

图4-2　轮齿的几何要素

（1）齿向线，轮齿表面和节锥的交线称为齿向线，它表示齿长方向轮齿的曲线特征。

（2）齿的大端、小端、凸面和凹面，当曲率为正时为齿的凹面，为负时为齿的凸面；齿面的大端位于锥底，小端位于锥顶。

（3）齿顶，齿顶是形成外锥面的轮齿的部分，是由齿面、背锥与前锥所包围的表面。

（4）齿根，齿根是连接于齿根圆角的齿底表面。

（5）齿面，齿的工作部分以及齿根圆角以上的表面。

（6）工作齿高，工作齿高是指一对齿轮互相啮合、传动过程中，进入啮合的齿间深度。

（7）齿顶高，齿顶高是由齿顶到节锥面之间的距离。渐缩齿的齿顶高是由大端向小端逐渐减小的。

（8）齿根高，齿根高指根锥到节锥之间的距离。渐缩齿齿根高也是由大端向小端逐渐减小的。

（9）螺旋角，螺旋角是指齿面上任意一点齿向线的切线与过此点的节锥母线所形成的角度（图4-3）。

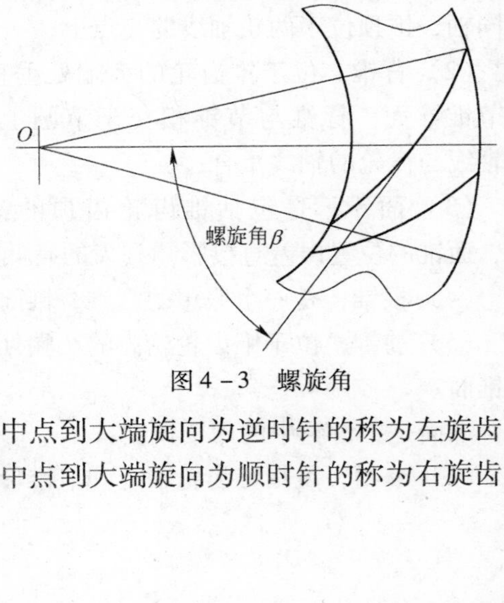

图4-3　螺旋角

（10）螺旋方向，齿的螺旋方向按以下方法确定：

左旋齿：如果面对锥齿轮齿面，轮齿自齿面中点到大端旋向为逆时针的称为左旋齿；

右旋齿：如果面对锥齿轮齿面，轮齿自齿面中点到大端旋向为顺时针的称为右旋齿。

（11）齿顶角，齿顶角是指面锥母线和节锥母线间的夹角，这个角度有两种情况：一种是面锥顶点和节锥顶点重合的；另一种情况为保证齿轮啮合时沿齿顶有着均一的间隙，此时面锥顶点与节锥顶点不重合，面锥与相配齿轮的根角的和等于轴交角。

（12）齿根角，齿根角是指节锥母线和根锥母线间的夹角。

（13）齿顶倒角，齿顶倒角是指锥齿轮的齿顶与齿面间的倒角。

（14）沿齿形倒角，沿齿形倒角是指锥齿轮的背锥和前锥处的齿形倒角。

4.1.3 对数螺旋锥齿轮基本参数的确定

对数螺旋锥齿轮各参数的位置关系及特征如图 4－4 所示。

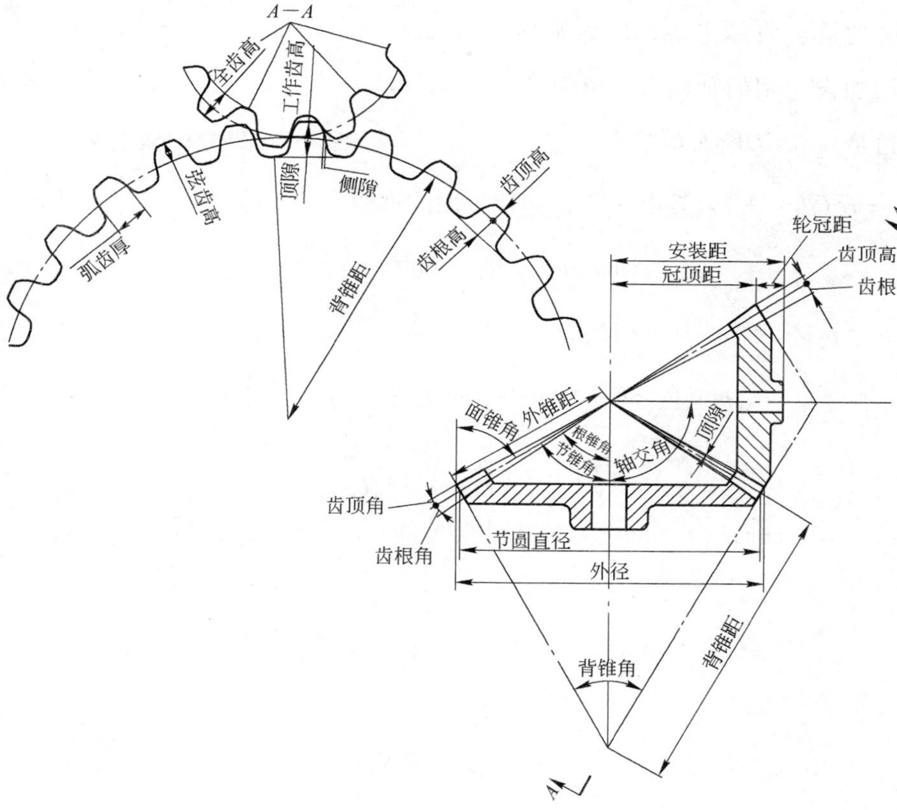

图 4－4 锥齿轮轮坯参数

（1）齿数。虽然齿数可以任意选取，但从经验中知道，小齿轮齿数应选用奇数，小齿轮与大齿轮的齿数最好互为质数。

（2）齿宽。齿宽一般为不大于 30% 的外锥距，另外不应超过端面模数的 10 倍。齿面过宽，并不能增大齿轮的强度和寿命，反而引起加工刀具刀尖宽度变窄、齿根圆角变小及装配空间减小等问题。

（3）压力角。压力角的大小将影响轮齿的强度及齿轮副传动的平稳性。齿轮转速较高且要求平稳时，取较小的压力角；对于重负荷传动要求高强度时，取较大的压力角。压力角有16°、20°、22.5°等数种标准，通常认为20°比较合适。因此，对数螺旋锥齿轮取标准压力角20°。

(4) 重合度。螺旋锥齿轮重合度的大小主要取决于其螺旋角大小，为保证齿轮副传动时有足够的纵向重合度 ε_β，对数螺旋锥齿轮副应选择合适的螺旋角。纵向重合度 ε_β 是螺旋距与齿距之比，即如图4-5上 $\overset{\frown}{BD}$ 所对应的外端弧长 $\overset{\frown}{BD'}$ 与齿距 $p=\pi m$ 之比，即：$\varepsilon_\beta=\dfrac{\overset{\frown}{BD'}}{p}$。纵向重合度越大，齿轮副的运转将越平稳，但螺旋角太大又会增加齿轮副的轴向力。$\overset{\frown}{BC}$ 所对应的圆心角是 θ_1，$\overset{\frown}{CD}$ 所对应的圆心角是 θ_2，则 $\overset{\frown}{BD'}=L_e(\theta_1+\theta_2)$。其中 θ_1、θ_2 可用下面的近似公式求得：

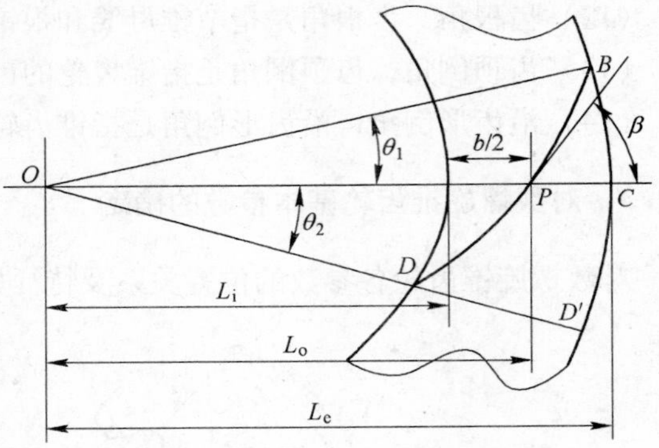

图4-5 纵向重合度计算

$$\tan\theta_1\approx\frac{b\tan\theta}{2L_e}\qquad \tan\theta_2\approx\frac{b\tan\beta}{2L_i}$$

由于 θ_1、θ_2 都很小，可近似认为

$$\tan(\theta_1+\theta_2)\approx\tan\theta_1+\tan\theta_2=\frac{b}{2}\left(\frac{1}{L_e}+\frac{1}{L_i}\right)\tan\beta$$

令

$$K_F=\frac{b}{2}\left(\frac{1}{L_e}+\frac{1}{L_i}\right)=\frac{bR}{L_eL_i}$$

则：$\theta_1+\theta_2=\arctan(K_F\tan\beta)$，对其做泰勒展开，并略去三阶以上微量，可得近似公式：

$$\theta_1+\theta_2=K_F\tan\beta-\frac{1}{3}(K_F\tan\beta)^3$$

则：

$$\varepsilon_\beta=\frac{L_e}{p}\left[K_F\tan\beta-\frac{1}{3}(K_F\tan\beta)^3\right] \tag{4-1}$$

4.1.4 按标准渐缩齿确定齿轮的几何尺寸及传动参数

对数螺旋锥齿轮的设计采用渐缩齿，即轮齿的高度从大端到小端是逐渐减小的，则传动参数和几何尺寸的确定计算如下所述。

(1) 传动比和锥角。

设两锥齿轮的轴交角为 Σ，大轮的齿数为 Z_2，小轮的齿数为 Z_1，两齿数之比为 $i=\dfrac{Z_2}{Z_1}$。

设小轮的节锥角为 δ_1，大轮的节锥角为 δ_2，它们应该满足关系 $\Sigma=\delta_1+\delta_2$。

$$\begin{cases}\tan\delta_1 = \dfrac{Z_1}{Z_2} \\ \tan\delta_2 = \dfrac{Z_2}{Z_1} \quad \text{或} \quad \delta_2 = 90° - \delta_1\end{cases}$$

（2）锥距。锥距 L_e 的计算公式为：

$$L_e = \frac{d_1}{2\sin\delta_1} = \frac{d_2}{2\sin\delta_2} \tag{4-2}$$

（3）根锥角。当齿轮按收缩齿设计时，齿轮的节锥顶点和根锥顶点是重合的。这时小轮的齿根角 θ_{f1} 和大轮的齿根角 θ_{f2}，可按下面公式确定：

$$\tan\theta_{f1} = \frac{h_{f1}}{L_e} \qquad \tan\theta_{f2} = \frac{h_{f2}}{L_e}$$

$$\theta_{f1} = \arctan\frac{h_{f1}}{L_e} \qquad \theta_{f2} = \arctan\frac{h_{f2}}{L_e}$$

这样，小轮的根锥角 δ_{f1} 和大轮的根锥角 δ_{f2} 的计算公式为：

$$\delta_{f1} = \delta_1 - \theta_{f1} \tag{4-3}$$

$$\delta_{f2} = \delta_2 - \theta_{f2} \tag{4-4}$$

（4）面锥角。为了保证齿轮副在工作时从大端到小端都具有相同的顶隙，小轮（大轮）的面锥应该和大轮（小轮）的根锥平行。小轮的齿顶角 θ_{a1} 与大轮的齿顶角 θ_{a2}，应该由公式 $\theta_{a1} = \theta_{f2}$ 和 $\theta_{a2} = \theta_{f1}$ 选取。因此，大、小轮的面锥角 $\delta_{a1} = \delta_1 + \theta_{f2}$ 和 $\delta_{a2} = \delta_2 + \theta_{f1}$。

（5）齿轮的顶圆直径。齿轮在轮冠处的直径 d_{a1}、d_{a2} 称为小轮和大轮的顶圆直径。由图 4－1 可直接得出计算公式：

$$d_{a1} = d_1 + 2h_{a1}\cos\delta_1 \tag{4-5}$$

$$d_{a2} = d_2 + 2h_{a2}\cos\delta_2 \tag{4-6}$$

（6）齿高。设 f 为齿顶高系数，c 为齿顶间隙系数，ξ 为齿高变位系数，则：

工作齿高 $h' = 2fm$　　全齿高 $h = (2f + c)m$

小轮齿顶高 $h_{a1} = (f + \xi)m_s$　　大轮齿顶高 $h_{a2} = (f - \xi)m_s$

小轮齿根高 $h_{f1} = (f + c - \xi)m_t$　　大轮齿根高 $h_{f2} = (f + c + \xi)m_t$

m_s、m_t 分别为齿轮大、小端模数。从计算公式可以看到大、小轮的齿高从大端到小端渐缩。

（7）齿顶间隙。对数螺旋锥齿轮副在工作时，小轮（大轮）的齿顶和大轮（小轮）的齿根之间必须留有一定的顶隙，用以储油润滑和避免干涉。顶隙 C 是全齿高和工作齿高之差：

$$C = h - h' = c^* m_t \tag{4-7}$$

式中，齿顶高系数 f，齿顶间隙系数 c，齿高变位系数 ξ，可参考格里森制锥齿轮推荐的数值确定。

4.1.5 设计实例

根据对数螺旋锥齿轮的啮合原理和设计理论建立的圆锥对数螺旋线方程，建立起一对啮合齿轮的三维模型。基于对齿轮一般特征的了解并结合对数螺旋锥齿轮齿面形成过程的分析可知，该齿轮的齿廓曲线为渐开线，其齿向线为圆锥对数螺旋线。

结合格里森制螺旋锥齿轮和自身特性来进行主要相关参数的计算，设计了一对对数螺旋锥齿轮的参数及几何尺寸，如表4-1所示。

表4-1 对数螺旋锥齿轮尺寸表

参数名称	参数符号	参数值
齿数	Z	$Z_1=15$，$Z_2=28$
节锥角	δ	$\delta_1=28°11'$，$\delta_2=61°49'$
大端模数	m	$m=6\text{mm}$
分度圆直径	d	$d_1=90\text{mm}$，$d_2=168\text{mm}$
齿形角	α	$\alpha=20°$
传动比	i	$i=1.87$
螺旋角	β	$\beta=39°52'$
齿宽	B	$B=29\text{mm}$
齿顶高	h_a	$h_a=4.2\text{mm}$
齿根高	h_f	$h_f=5.4\text{mm}$
面锥角	δ_a	$\delta_{a1}=31.42°$，$\delta_{a2}=65.06°$
根锥角	δ_f	$\delta_{f1}=24.94°$，$\delta_{f2}=58.58°$
轴交角	Σ	$\Sigma=90°$
齿全高	h	$h=9.6\text{mm}$
齿顶圆直径	d_a	$d_{a1}=97.4\text{mm}$，$d_{a2}=171.97\text{mm}$
径向变位系数	x	$x=0$
大端理论齿厚	S	$S=9.4\text{mm}$
齿顶高系数	h_a^*	$h_a^*=0.7$
切向变位系数	x_c	$x_c=0$

4.2 对数螺旋锥齿轮的三维模型

建立对数螺旋齿轮的三维模型可采用Pro/Engineer软件来进行。下面以表4-1对数螺旋锥齿轮尺寸为例，叙述创建该齿轮三维模型的具体步骤如下。

4.2.1 创建齿轮的基本曲线

创建齿轮的基本曲线，包括齿轮的轴线、面锥母线、节锥母线、根锥母线、基锥母线、背锥母线和前锥母线。

（1）在“新建”对话框中输入文件名“GEAR1.PRT”，然后单击“确定”按钮。

（2）创建基准平面“DTM1”。在工具栏内单击“基准平面”按钮，系统弹出该对话框，设置创建该平面。

（3）在工具栏内单击“草绘”按钮，系统弹出该对话框，选取“FRONT”面作为草绘平面，选取“RIGHT”面作为参照平面，参照方向为“右”。单击“草绘”按钮进入草绘环境，绘制的草图如图4-6所示。

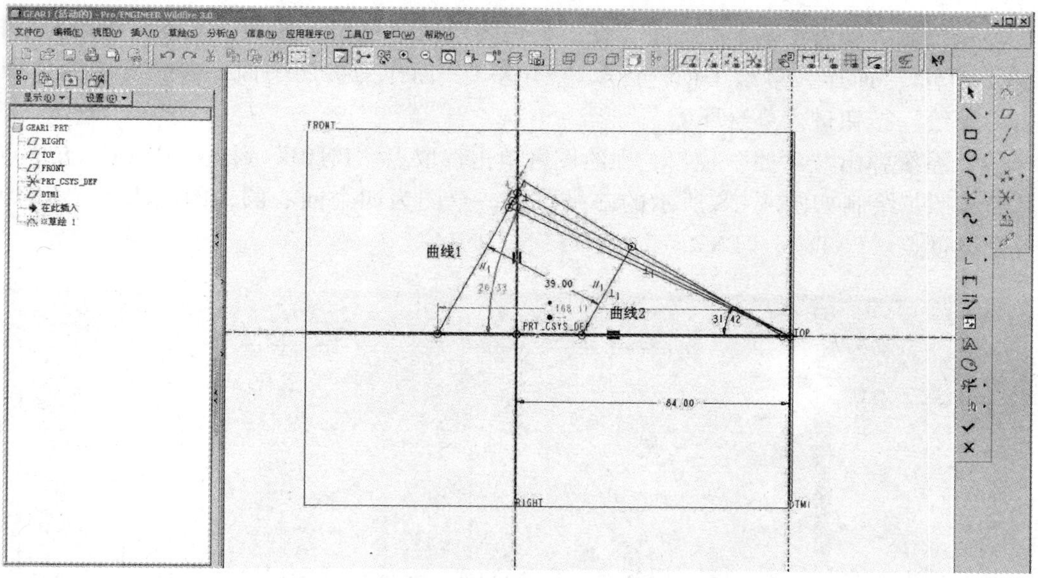

图 4-6　齿轮基本曲线

4.2.2　创建齿轮基本圆

创建齿轮基本圆，首先创建基准平面和基准点，在草绘的环境下绘制两组同心圆，分别为齿轮大端和小端的基本圆。

（1）创建基准平面“DTM2”。在工具栏内单击“基准平面”按钮，系统弹出该对话框，单击选取“FRONT”面的法向作为参照，单击选取“曲线 1”作为参照，完成基准平面的创建。

（2）创建基准点。在工具栏内单击“基准点”按钮，系统弹出该对话框，创建经过所示曲线的五个基准点“PNT0”到“PNT4”，如图 4-7 所示。

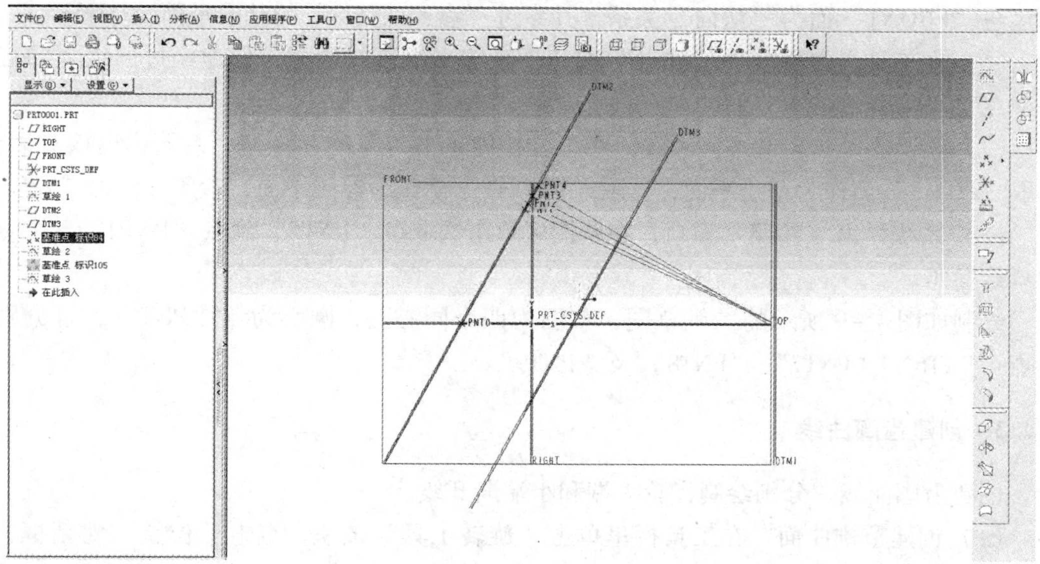

图 4-7　基准点

（3）绘制大端齿轮基本圆曲线。在工具栏内单击“草绘”按钮，系统弹出该对话框，选取“DTM2”面作为草绘平面，选取“FRONT”面作为参照平面，参照方向为“顶”。单击“草绘”按钮进入草绘环境。

（4）系统弹出“参照”窗口，在绘图区单击选取点“PNT0”到点“PNT4”五个点作为草绘参照。绘制如图 4－8 所示的二维草图，草图为四个同心圆，圆心为点“PNT0”，且分别通过点“PNT1”、“PNT2”、“PNT3”、“PNT4”。

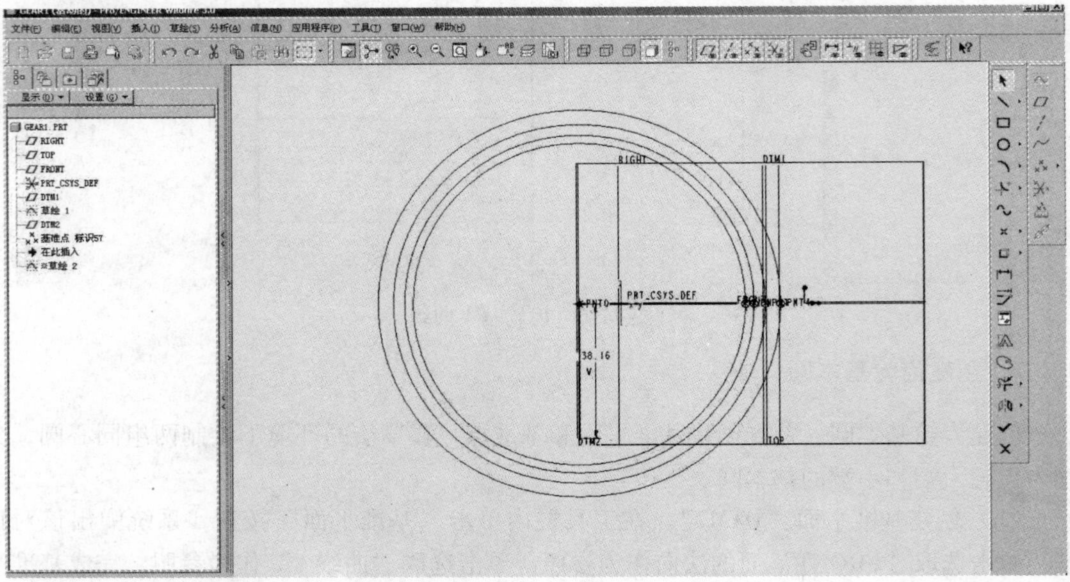

图 4－8　齿轮大端基本圆

（5）用相同的方法创建齿轮小端的基本圆。首先在工具栏内单击“基准平面”按钮，创建与“FRONT”面为“法向”关系，并穿过“参照曲线 2”的基准平面“DTM3”。

（6）在工具栏内单击“基准点”按钮，系统弹出该对话框，创建经过曲线 2 的五个基准点“PNT5”到“PNT9”。

（7）绘制小端齿轮基本圆曲线。在工具栏内单击“草绘”按钮，系统弹出该对话框，选取“DTM3”面作为草绘平面，选取“FRONT”面作为参照平面，参照方向为“左”：

（8）系统弹出“参照”窗口，在绘图区单击选取点“PNT5”到点“PNT9”五个点作为草绘参照。

绘制如图 4－9 所示的二维草图，草图为四个同心圆，圆心为点“PNT5”，且分别通过点“PNT6”、“PNT7”、“PNT8”及“PNT9”。

4.2.3　创建齿廓曲线

创建齿廓曲线，分别绘制齿轮大端和小端渐开线。

（1）创建节锥曲面。在工具栏里单击“旋转工具”按钮，点击“位置”对话框，进行草绘平面设置，草绘平面为“FRONT”面，参照为“RIGHT”面，方向为“顶”。进入

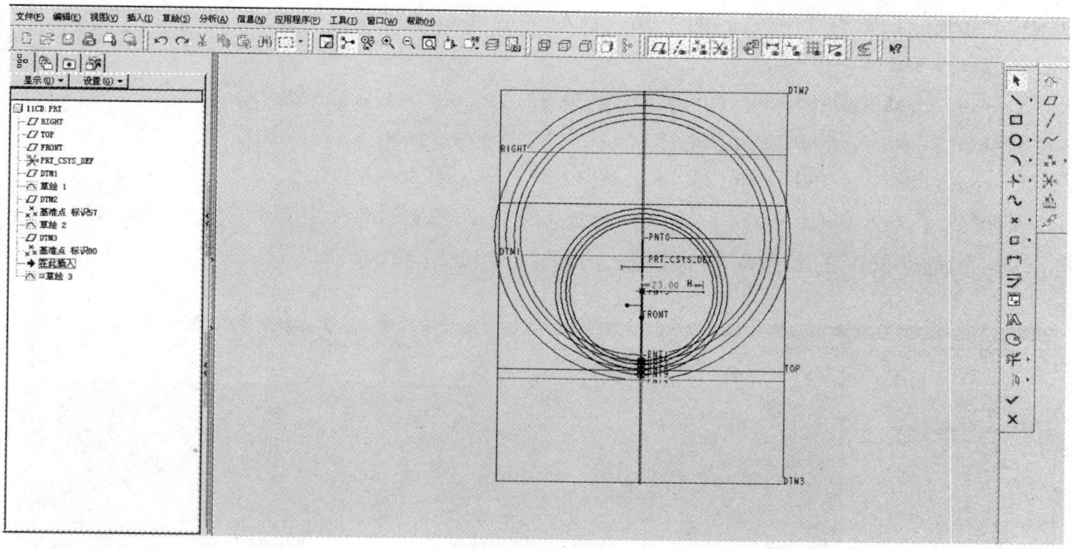

图 4－9　齿轮小端基本圆

草绘环境，如图 4－10 所示绘制一个封闭的以节锥母线为斜边的直角三角形，选齿轮轴线为指定旋转轴，单击完成按钮，节锥实体的创建就完成了。

图 4－10　节锥的创建

（2）在锥顶创建基准坐标系“CS0”。过节锥顶点创建两条分别垂直于“TOP”面和“FRONT”面的轴“A_3”和轴“A_4”，两轴相互垂直。单击“基准坐标系”按钮，以节锥顶点为参照，“A_3”和“A_4”分别选为 x 和 y 轴，完成坐标系的创建。

（3）绘制一条圆锥对数螺旋线。基于该曲线的性质，它是盘绕在节锥曲面上的。选取“CS0”为坐标系，在 Pro/E 界面下输入圆锥对数螺旋线的笛卡儿方程：

theta = t * 360

x = exp((theta * pi/180) * sin(28. 18)/tan(39. 87)) * cos(theta) * sin(28. 18)

y = exp((theta * pi/180) * sin(28. 18)/tan(39. 87)) * sin(theta) * sin(28. 18)

z = exp((theta * pi/180) * sin(28. 18)/tan(39. 87)) * cos(28. 18)

则得到了 $r_0=1$（半径为 1 处作为起始点），$\alpha=28.18°$（半锥角），$\beta=39.87°$（螺旋角），φ 为旋转 360°的圆锥对数螺旋线，如图 4 – 11 所示。

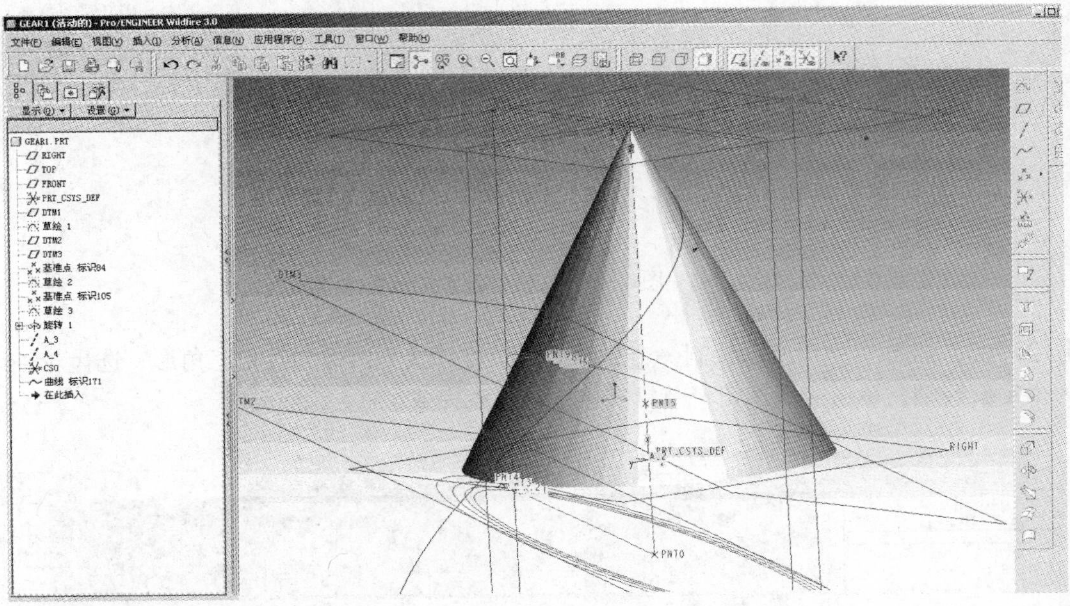

图 4 – 11　圆锥对数螺旋线

（4）创建两条圆锥对数螺旋线（将来形成轮齿的左右两侧齿面分别经过这两条圆锥对数螺旋线）。单击编辑—特征操作—复制—移动—从属—完成，选取刚才绘制的圆锥对数螺旋线，单击“旋转”，选择坐标系“CS0”→z 轴→正向，输入角度值“6°”（360°/4z），单击“完成旋转”，形成一条圆锥对数螺旋线。采用类似的操作，选择 z 轴→负向，输入角度值“6°”，形成另一条圆锥对数螺旋线，如图 4 – 12 所示。

（5）旋转复制齿轮大端基本圆曲线。选取中间的圆锥对数螺旋线与节锥曲面底边圆曲线的交点为“PNT10”，在图 4 – 13 的二维草图中量得旋转的角度为 11. 79°。

单击编辑—特征操作—复制—移动—从属—完成，选取刚开始绘制的齿轮基本圆曲线，输入旋转的角度为“11. 79°”，完成旋转复制操作，如图 4 – 14 所示。

过点 PNT10，做中间的圆锥对数螺旋线的法平面 DTM4，如图 4 – 15 所示。

利用旋转复制指令，如图 4 – 16 所示，再次将生成的大端齿轮基本圆曲线旋转到法平面内。

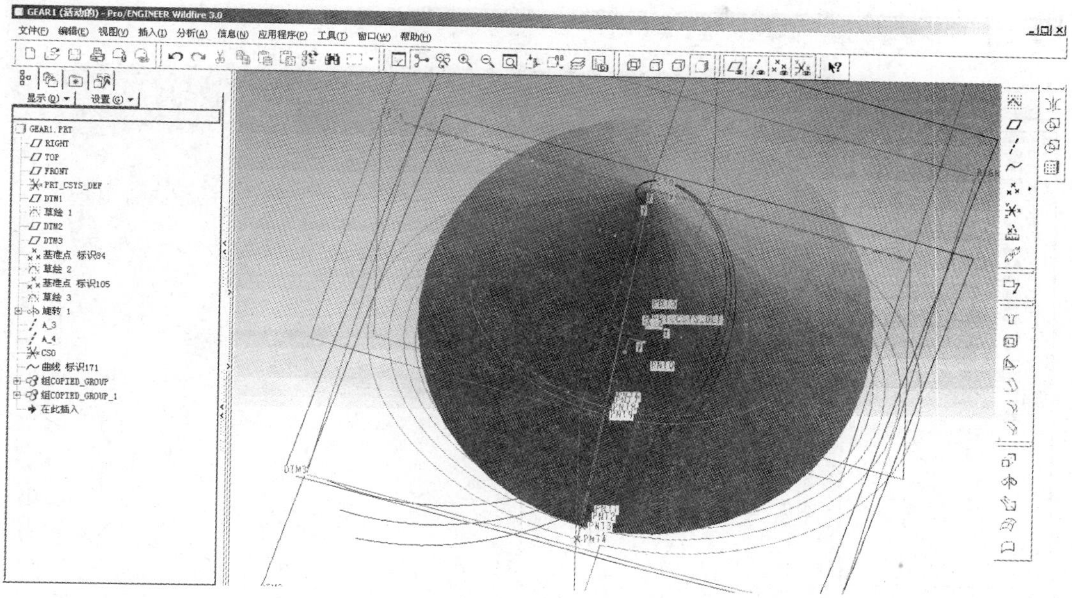

图 4－12　左右两条圆锥对数螺旋线

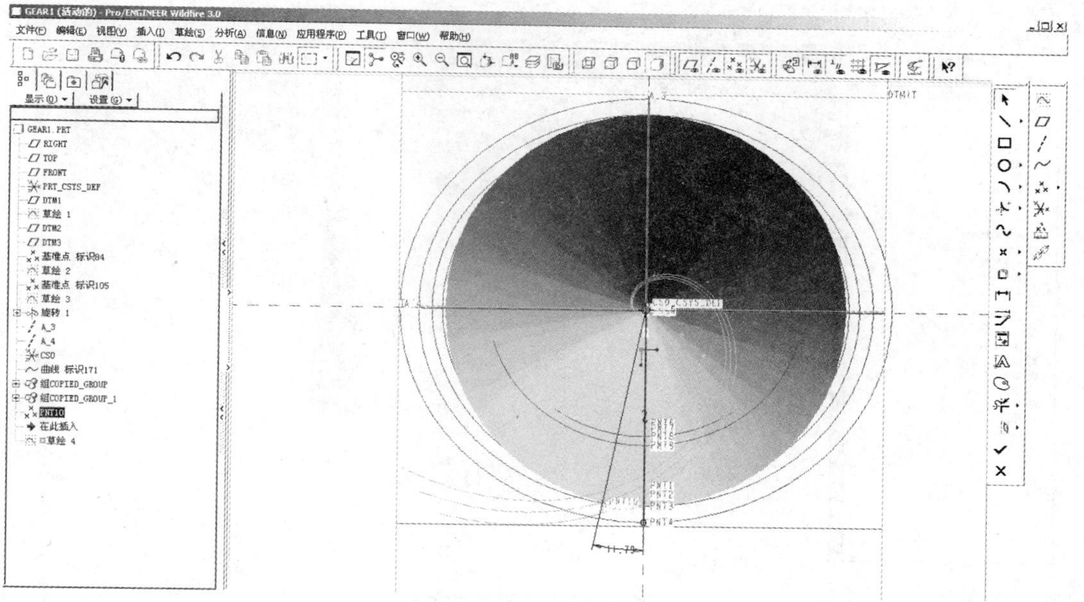

图 4－13　二维草图量角度

过点 PNT0 建立坐标系“CS1”，指定两垂直的直线为 x 轴和 y 轴，创建齿轮大端渐开线。单击“插入基准曲线”按钮，“从方程”—“完成”命令。选取坐标系“CS1”作为参照，输入如下笛卡儿坐标方程：

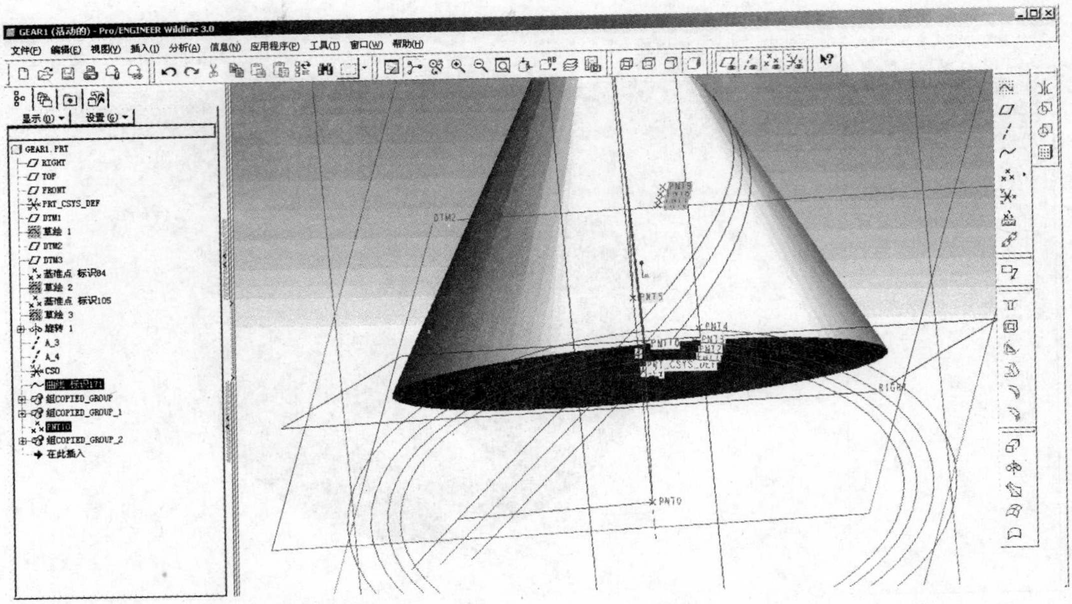

图 4 – 14　齿轮大端基本圆曲线完成旋转

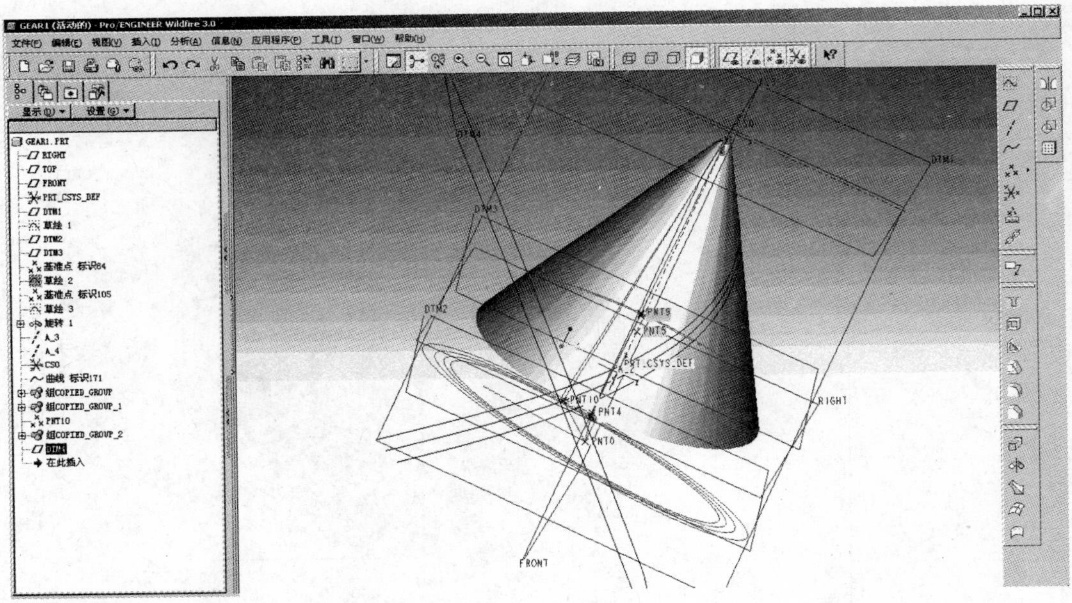

图 4 – 15　法平面的创建

r = 47.97613

theta = t * 60

x = r * cos(theta) + r * sin(theta) * theta * pi/180

y = r * sin(theta) – r * cos(theta) * theta * pi/180

z = 0

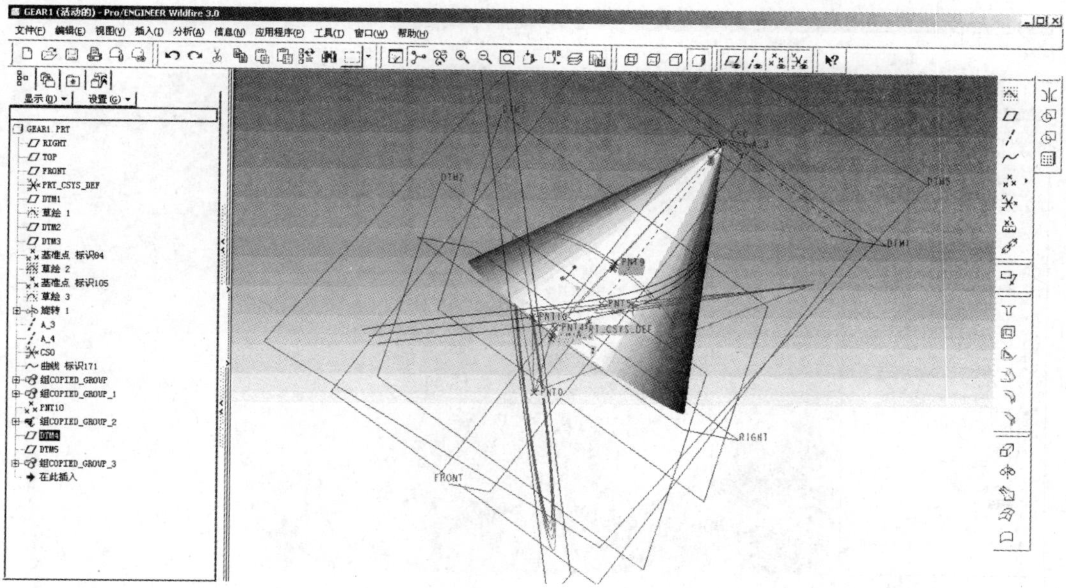

图 4 - 16 大端基本圆曲线旋转到法平面内

单击确定按钮，完成渐开线的创建，如图 4 - 17 所示。

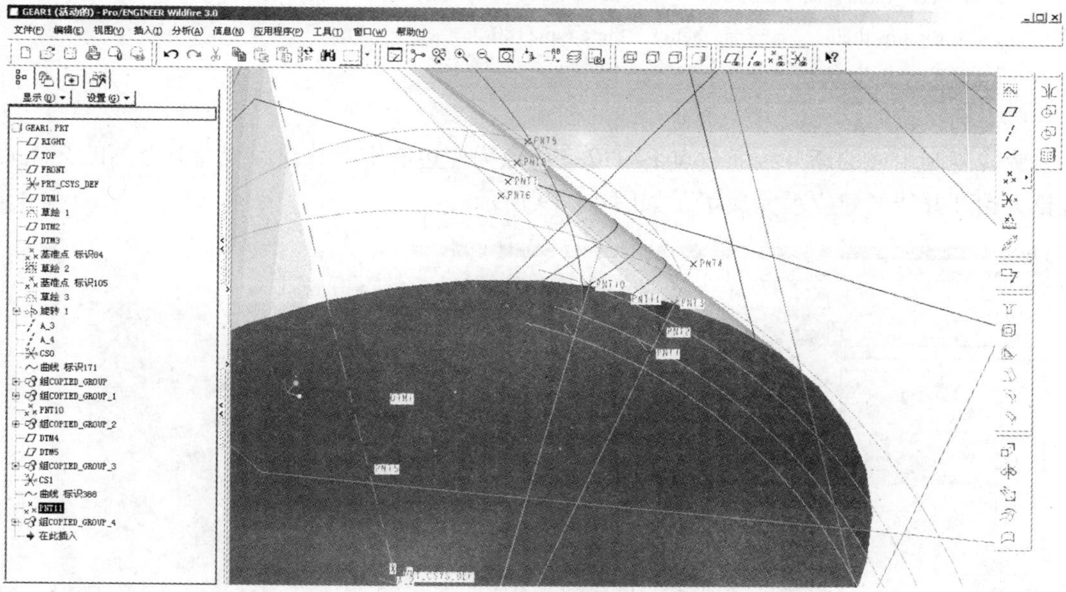

图 4 - 17 渐开线的创建

旋转复制生成的渐开线通过点 PNT11（该点为右边圆锥对数螺旋线与分度圆的交点），如图 4 - 18 所示。

创建另一条渐开线，单击“插入基准曲线”按钮，“从方程”—“完成”命令。选取坐标系“CS1”作为参照，输入如下笛卡儿坐标方程：

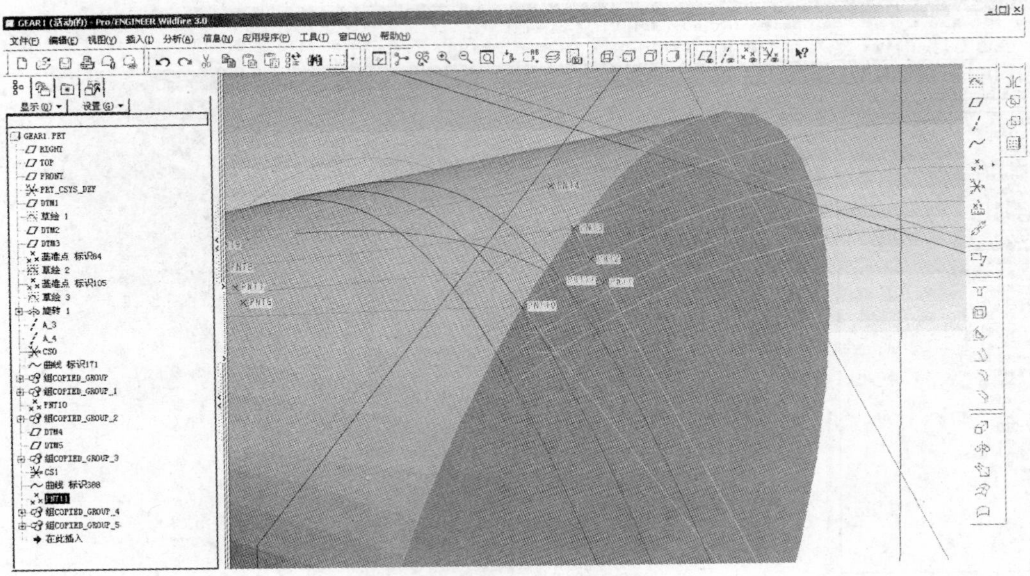

图4－18　旋转渐开线到指定点

```
r = 47.97613
theta = t * 60
x = r * cos(theta) + r * sin(theta) * theta * pi/180
y = - r * sin(theta) + r * cos(theta) * theta * pi/180
z = 0
```

单击确定按钮，完成另一条渐开线的创建。

旋转复制生成的渐开线通过点PNT12（该点为左边圆锥对数螺旋线与分度圆的交点）。齿轮大端渐开线的建立就完成了，如图4－19所示。

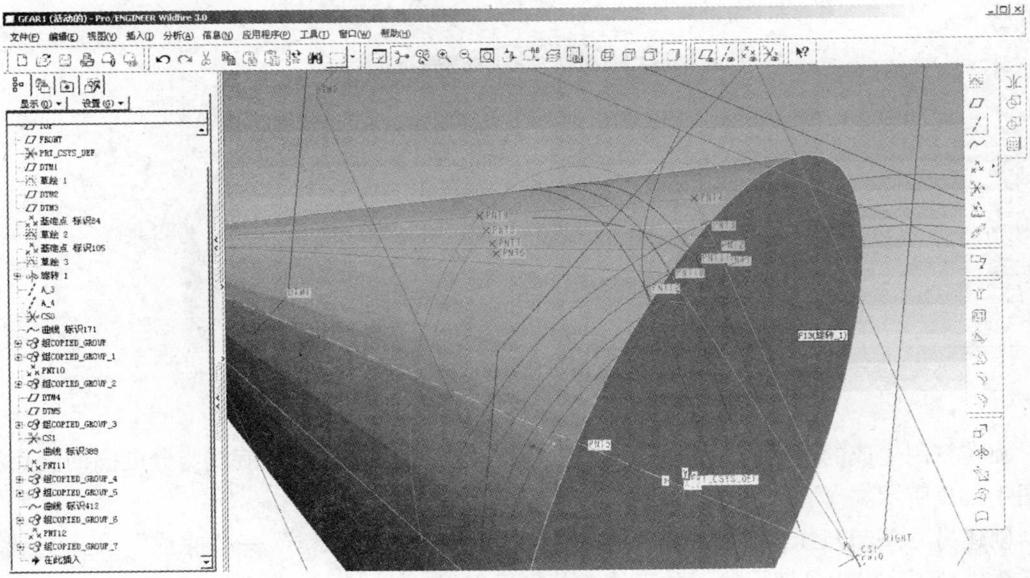

图4－19　齿轮大端渐开线

用同样的方法绘制齿轮小端的渐开线，最终创建完成齿轮大端和小端的渐开线，如图 4－20 所示。

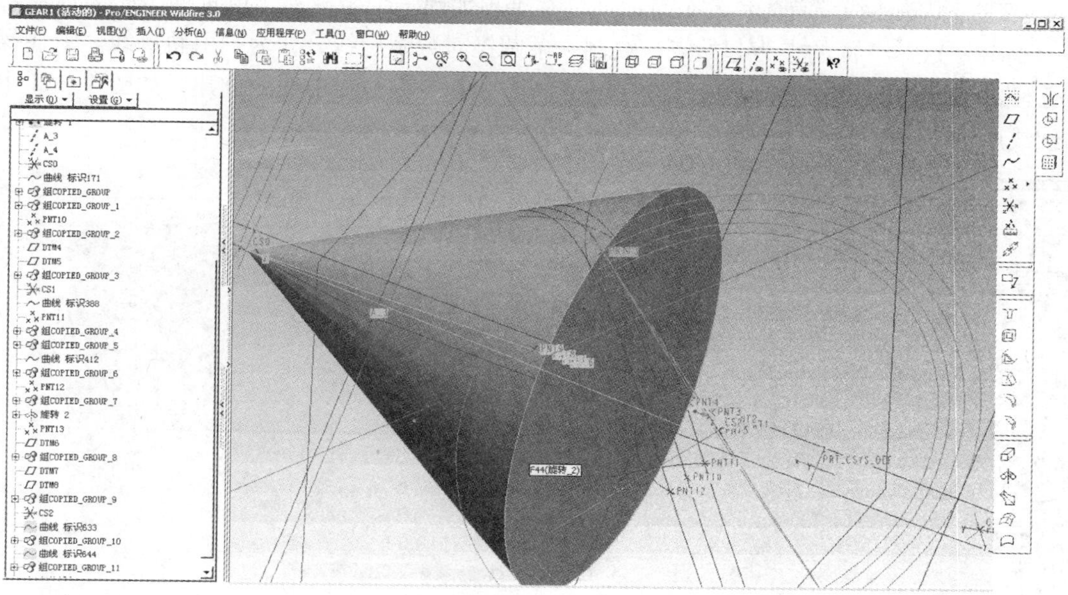

图 4－20　齿轮小端渐开线

4.2.4　创建齿根圆

创建齿根圆。在工具栏内单击“旋转工具”按钮，弹出“旋转”操控面板，单击“位置”按钮，然后单击“定义”按钮，弹出“草绘”对话框。选取“FRONT”面作为草绘平面，选取“TOP”面作为参照平面，参照方向为“左”。进入草绘环境。绘制完草图，单击“完成”按钮，生成的齿根圆如图 4－21 所示。

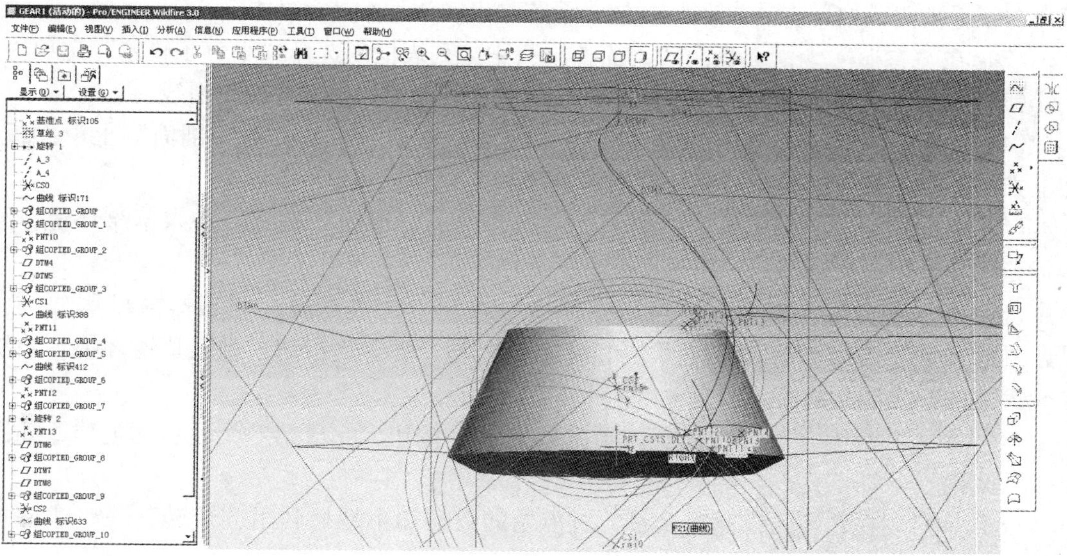

图 4－21　齿根圆

4.2.5　创建扫引轨迹线

创建扫引轨迹线，首先创建节锥曲面，在锥顶创建一个坐标系，以锥面上距离齿轮轴线的距离为1($r=1$) 的点为起始点，绘制一条圆锥对数螺旋线，作为扫引轨迹线。上述操作已经在前面的步骤中完成，然后再利用“修剪”命令完成扫引线的创建，如图 4－22 中的红线所示。

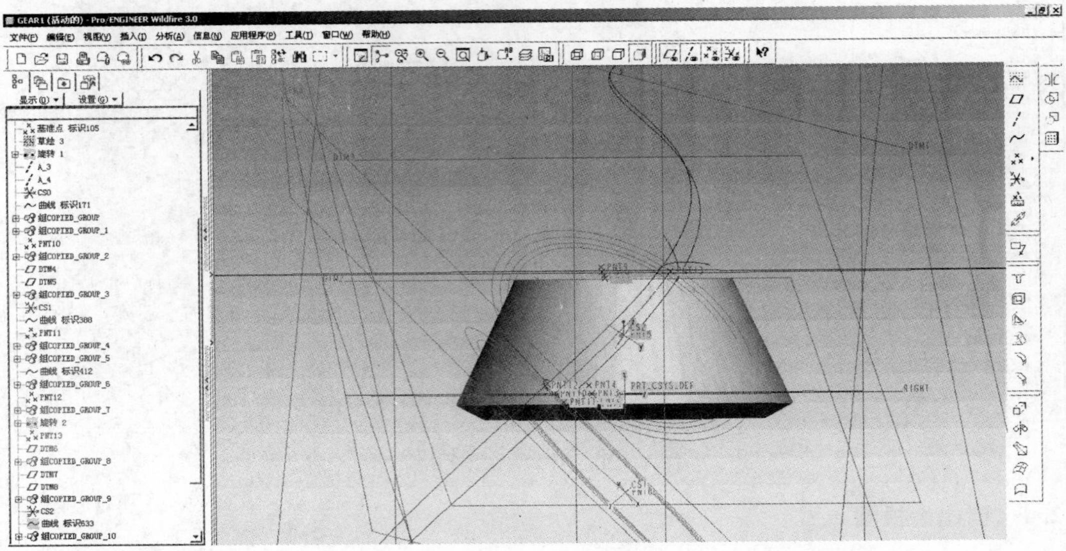

图 4－22　扫引轨迹线

4.2.6　创建扫描混合截面和创建第一个轮齿

(1) 在主菜单上单击“插入”→“扫描混合”命令，系统弹出“扫描混合”操控面板。在该操控面板内单击“参照”按钮，系统弹出“参照”上滑面板。

(2) 在“参照”上滑面板的“剖面控制”下拉列表框内选择“垂直于轨迹”选项。

(3) 在绘图区单击选取绘制好的圆锥对数螺旋线作为扫描混合的扫引线。

(4) 在“扫描混合”操控面板上单击“剖面”按钮，系统弹出“剖面”上滑面板，在上方的下拉列表框中选择“草绘截面”选项。

(5) 在绘图区单击扫引轨迹线的一个端点，单击“草绘”按钮，进入草绘环境，绘制齿轮小端的扫描混合截面，如图 4－23 所示。

(6) 在“剖面”上滑面板内单击“插入”按钮，在“剖面”列表框内显示“剖面2”。在绘图区单击扫引轨迹线的另一个端点，单击“草绘”按钮，进入草绘环境，绘制齿轮大端的扫描混合截面，如图 4－24 所示。

(7) 在“扫描混合”操控面板内单击“完成”按钮，完成第一个轮齿的创建，如图 4－25 所示。

(8) 针对现在轮坯的齿宽有余量，对齿轮的大端和小端处利用“旋转”—“去除材料”操作进行修剪，完成后的模型如图 4－26 所示。

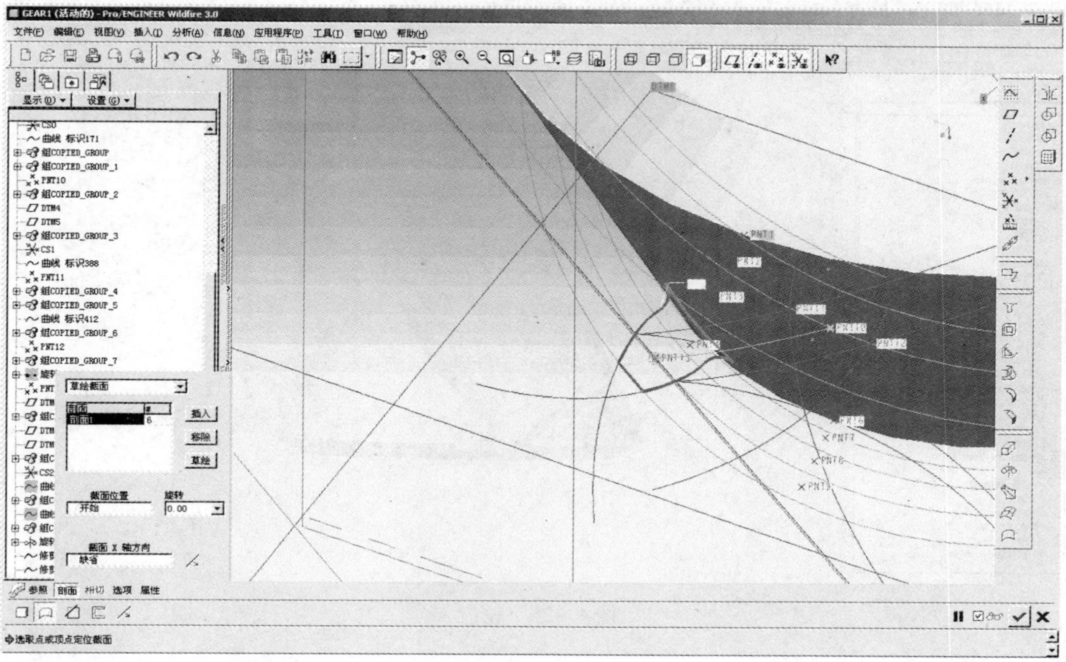

图 4 – 23　齿轮小端扫描混合截面

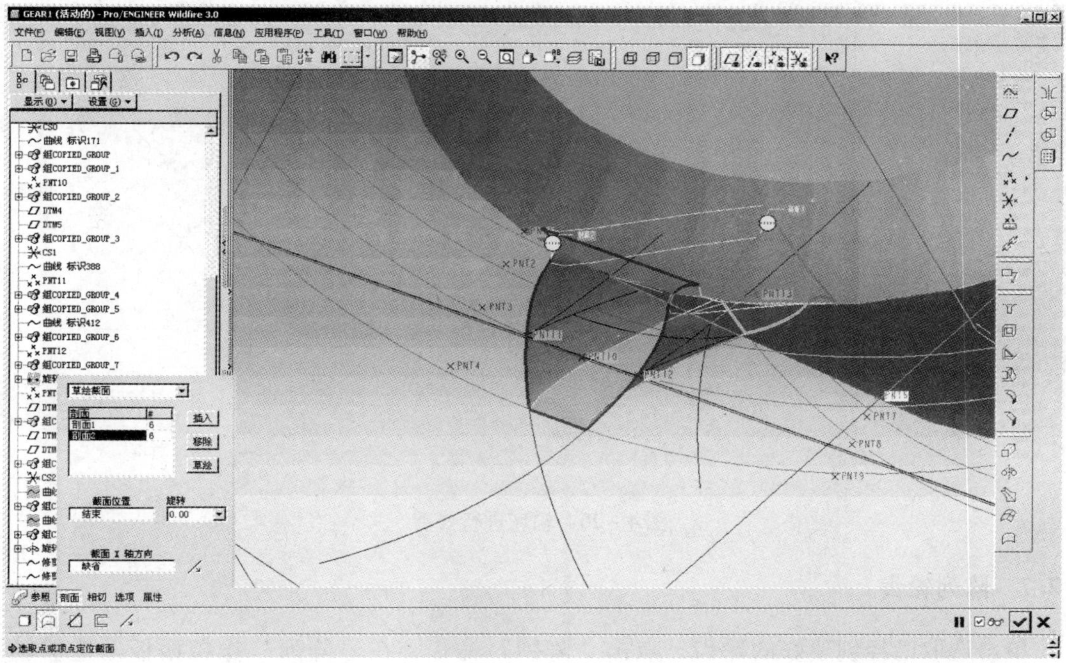

图 4 – 24　齿轮大端扫描混合截面

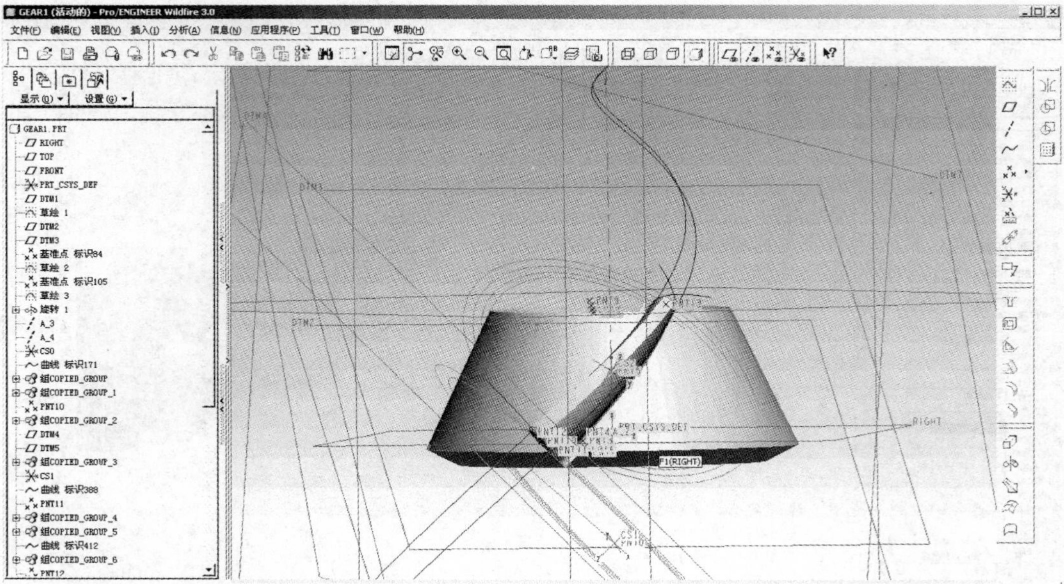

图 4 – 25　轮齿

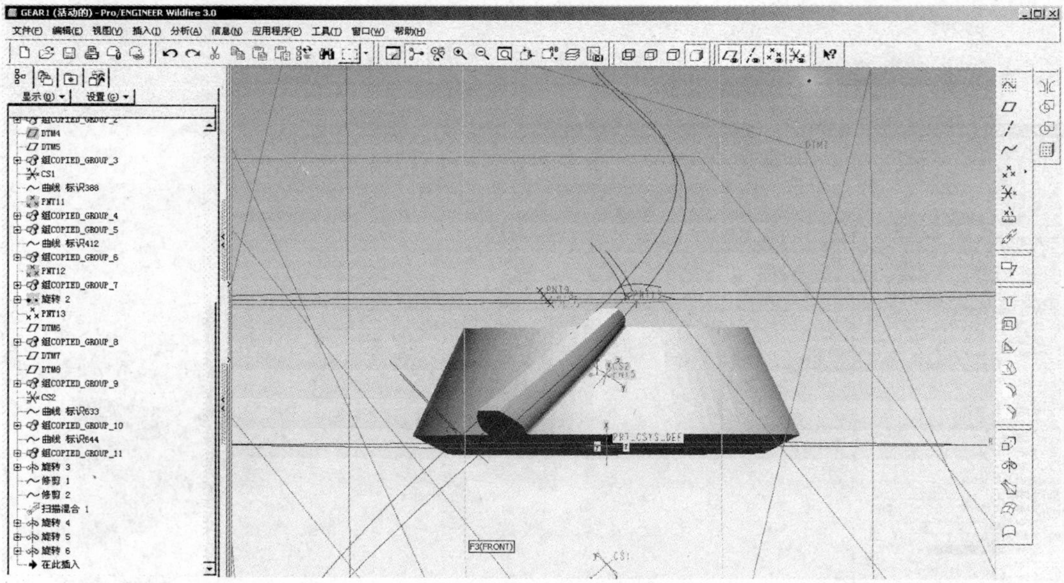

图 4 – 26　轮坯进行修剪

4.2.7　阵列轮齿

单击选取已经创建好的轮齿，点击“阵列”命令，在“阵列”操控面板内选“轴”阵列，在绘图区单击选取齿轮的中心轴作为阵列参照，输入阵列个数为“15”，偏移角度为“360/15”，单击“完成”按钮，完成后的齿轮如图 4 – 27 所示。

图 4 - 27　阵列轮齿

大齿轮的绘制方法和小齿轮的一样，小齿轮的旋向为右旋，大齿轮的旋向为左旋。大齿轮的扫引轨迹线是一条旋向相反的圆锥对数螺旋线，如图 4 - 28 所示，其参数方程为：

$$\begin{cases} x = r_0 e^{\varphi \sin\alpha \cot\beta} \sin\alpha \cos\varphi \\ y = r_0 e^{\varphi \sin\alpha \cot\beta} \sin\alpha \sin(-\varphi) \\ z = r_0 e^{\varphi \sin\alpha \cot\beta} \cos\alpha \end{cases} \tag{4-8}$$

式中，除 φ 为参变量外，其余 α、β、r_0 均为常数。

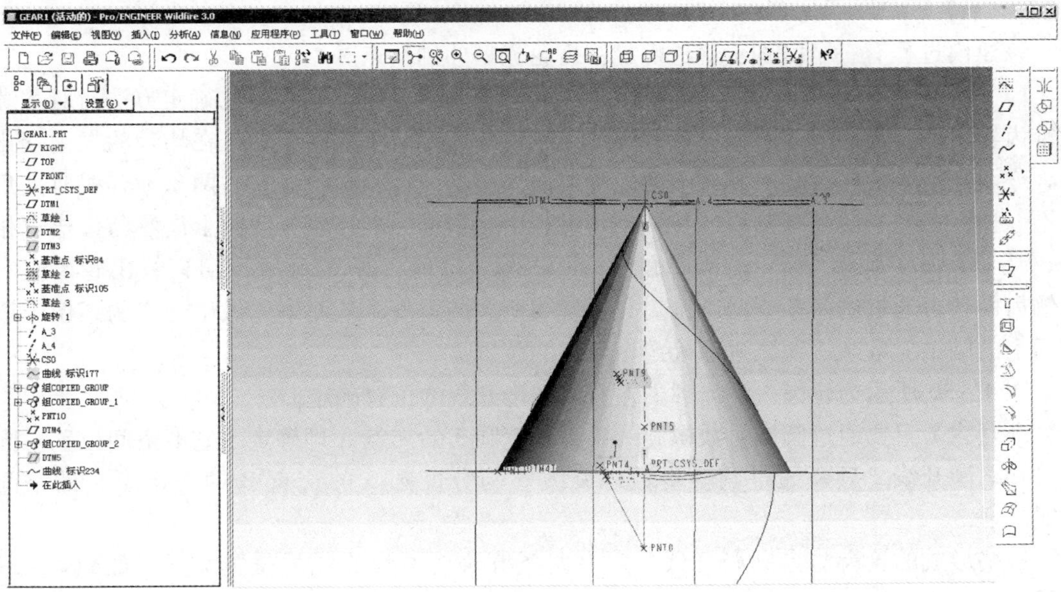

图 4 - 28　反向圆锥对数螺旋线

在 Pro/E 界面下输入该圆锥对数螺旋线的笛卡儿方程：

```
theta = t * 360
x = exp((theta * pi/180) * sin(28.18)/tan(39.87)) * cos(theta) * sin(28.18)
y = exp((theta * pi/180) * sin(28.18)/tan(39.87)) * sin(-theta) * sin(28.18)
z = exp((theta * pi/180) * sin(28.18)/tan(39.87)) * cos(28.18)
```

建模方法类似于小齿轮，最终生成的大齿轮如图 4－29 所示。

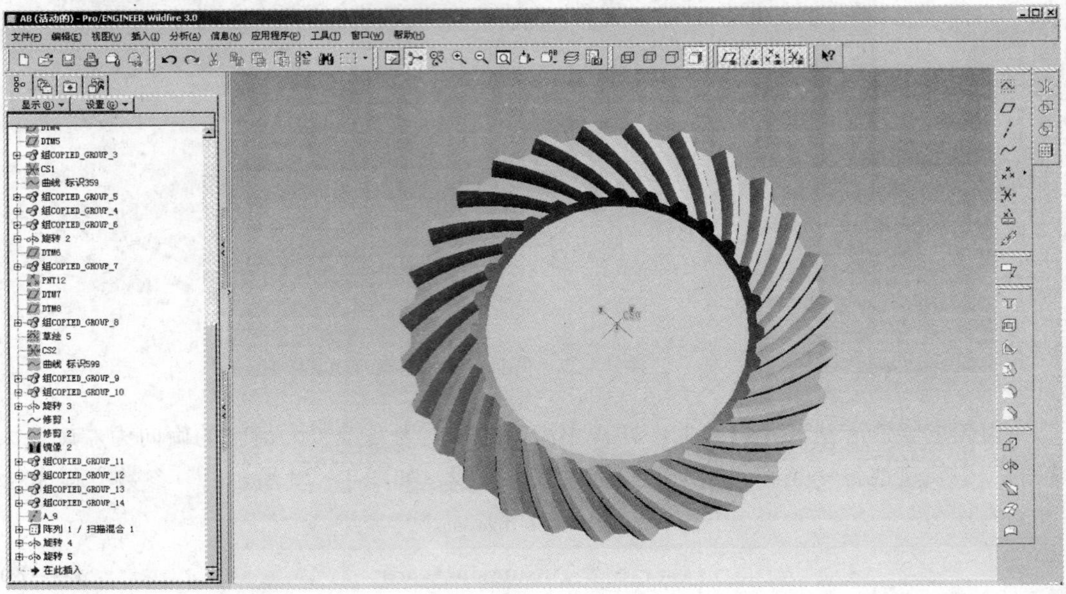

图 4－29　大齿轮完成创建

4.2.8　建模过程的创新点

该建模过程有三个区别于普通螺旋锥齿轮成型的创新点。

（1）在创建齿廓曲线过程中，齿轮端面齿形左右两条渐开线位置的确定方法。对数螺旋锥齿轮由于其齿向线为圆锥对数螺旋线，轮齿的齿厚从小端到大端是在均匀的发生变化的，逐渐在增大。轮齿小端和大端的齿廓端面大小不一样，即各自左右两条渐开线所夹角度不一样。在左右两条渐开线的位置确定过程中，根据标准齿轮分度圆上齿厚与齿槽宽相等，基于等强度啮合，齿轮的齿厚和齿槽所占的角度值相等，$360°/2z$ 可以算出轮齿左右两侧齿面各自通过的两条空间圆锥对数螺旋线所夹的角度，从而事先做出这样两条位于节锥面上的圆锥对数螺旋线，进而确定渐开线的位置。

图 4－30 所示为轮齿大端齿廓的左右两条渐开线的位置确定。

渐开线 1 只要通过圆锥对数螺旋线 4 与分度圆 3 的交点 A 即确定了它的空间位置。同理可知，渐开线 2 只要通过圆锥对数螺旋线 5 与分度圆 3 的交点 B 即确定了它的空间位置。

最终形成的轮齿与齿廓渐开线、左右两条圆锥对数螺旋线的位置关系，如图 4－31 所示。

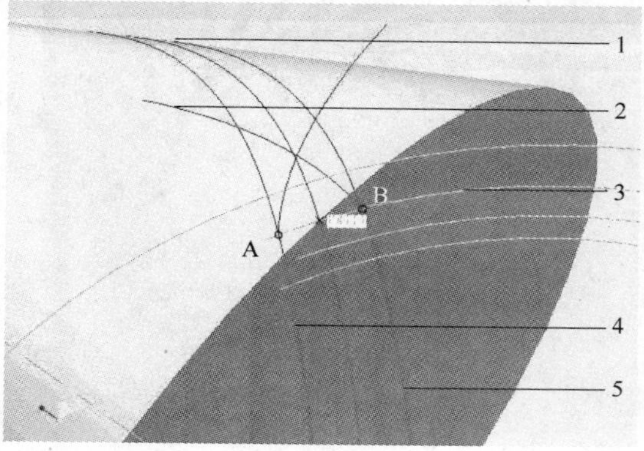

图 4 - 30 渐开线位置确定

1，2—左右两条渐开线；3—分度圆；

4，5—左右两条圆锥对数螺旋线；

A，B—左右两条圆锥对数螺旋线分别与分度圆的交点

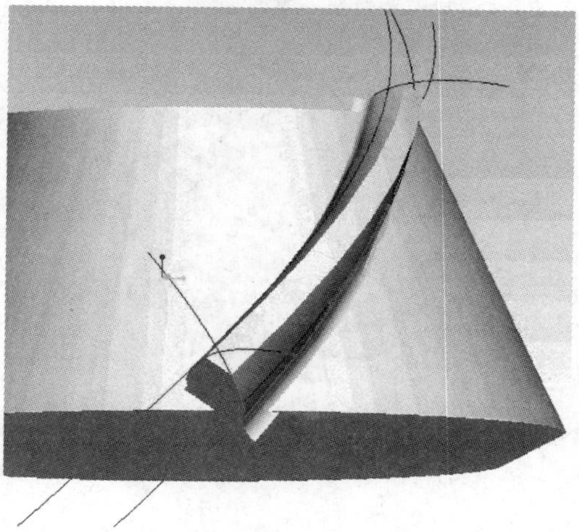

图 4 - 31 轮齿与渐开线、圆锥对数螺旋线的位置关系

普通螺旋锥齿轮在创建齿廓曲线的过程中，先通过方程生成一条渐开线，后镜像出相对应的另一条渐开线，从而完成小端、大端渐开线的建立。这存在一个问题，小端的左右两条渐开线的“跨度”如何来确定，即小端的齿廓端面究竟有多小，大端的齿廓端面究竟有多大，无从确定。而引入空间圆锥对数螺旋线，在空间上给渐开线一个定位，解决了这一问题。

（2）创建扫引轨迹线的方法。轮齿的形成是通过“扫描混合”命令来完成的，创建的扫引轨迹线是位于节锥面上的空间圆锥对数螺旋线，该螺旋线是盘绕在节锥表面上的，通过输入精确的笛卡儿坐标方程来生成。

扫引线应用空间圆锥对数螺旋线，保证了对数螺旋锥齿轮齿形的准确性，同时也可以得出所形成的轮齿左右齿面也各通过一条圆锥对数螺旋线，由图 4 - 31 所示。而普通螺旋锥齿轮大多是先画一条圆弧曲线，再通过投影的方式，投影到分度圆曲面上，作为扫引轨迹线。投影到分度圆曲面的过程会使圆弧曲线的特性失真，这样保证不了轮齿齿形的准确性。

（3）在生成轮齿的过程中，扫描混合截面即齿轮大端、小端齿廓端面都是位于扫引线（圆锥对数螺旋线）的法平面内的，这样用“扫描混合”命令生成的轮齿，能够满足轮齿上过任意点的法平面内的齿形均是标准齿形。而普通螺旋锥齿轮创建的扫描混合截面是位于轮胚端面上的，这样生成的轮齿保证不了过任意点的法平面内的齿形均是标准齿形。

4.2.9 两个齿轮模型的装配

通过上述方法生成的一对对数螺旋锥齿轮模型如图 4 - 32 和图 4 - 33 所示。

将两个齿轮模型进行装配，需要创建两条相互垂直的基准轴（轴交角 $\Sigma = 90°$）和一个基准点，基准点是新创建的两条基准轴的交点。装配时，选择“组件”选项，将组件名

图 4－32　小齿轮

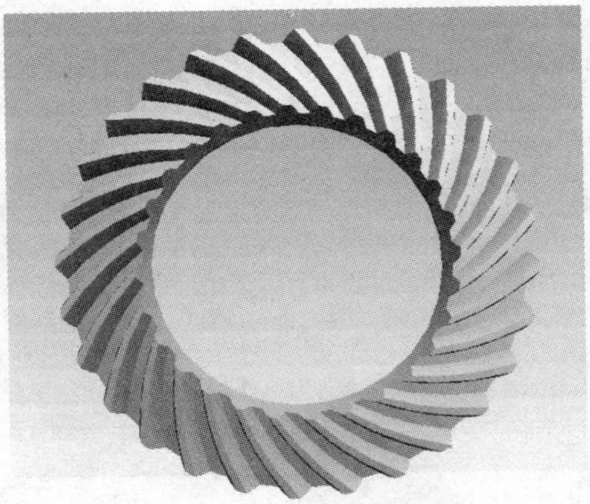

图 4－33　大齿轮

改为 asm。去掉“使用默认模板”复选框前面的勾号，单击“确定”按钮，系统打开“新文件选项”对话框。在列表中选择 mmns_ asm_ design 为模板。需要将两个齿轮的轴线分别与两条基准轴线对齐，且使两个锥齿轮的顶点都与基准点重合。最终生成的对数螺旋锥齿轮啮合模型如图 4－34 所示。

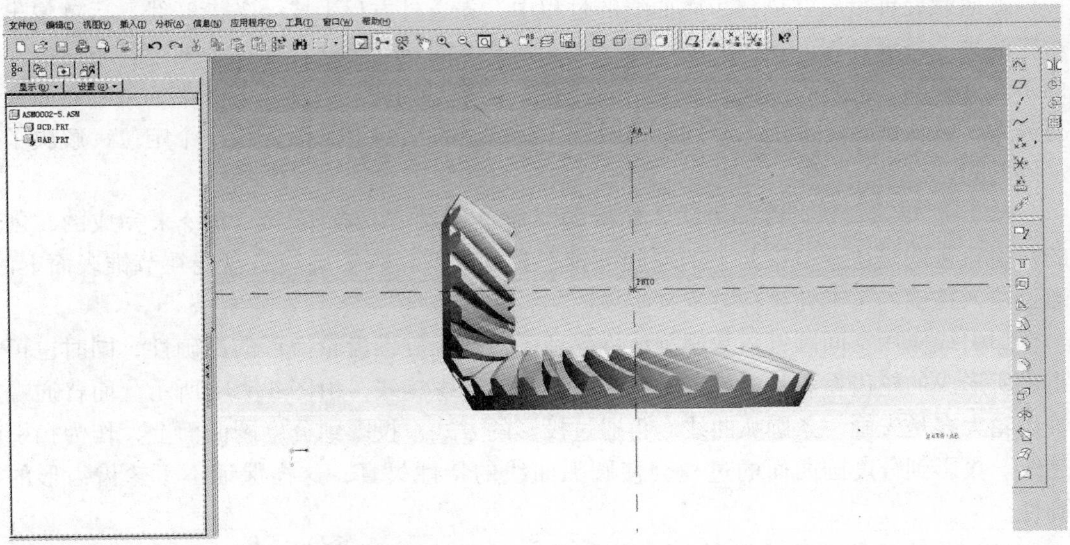

图 4－34　啮合齿轮

第5章

对数螺旋锥齿轮的矢量建模及啮合仿真

5.1　对数螺旋锥齿轮的空间设计

5.1.1　齿廓线设计

理论上，凡符合啮合定律的任何曲线，都可作为齿轮啮合的齿廓，但实践上，用于工业生产的齿廓曲线，只有摆线、圆弧线、渐开线及其组合齿廓 4 种。渐开线齿廓的优点是：

（1）可用直刃刀盘切齿，而直刃易制造、易刃磨、易测量，生产成本最低；

（2）齿轮安装距有变动，仍可啮合，对装置不敏感；

（3）可采用变位设计，是获得优质传动的最经济、最实惠的设计。

尽管渐开线齿轮在传动中廓面间为凸凸啮合，诱导曲率大、接触强度差，基于以上其他齿廓所无法达到的优点和利用新型齿向线可以避免其缺点，我们仍采用渐开线为齿廓曲线。图 5－1 为渐开线形成原理。

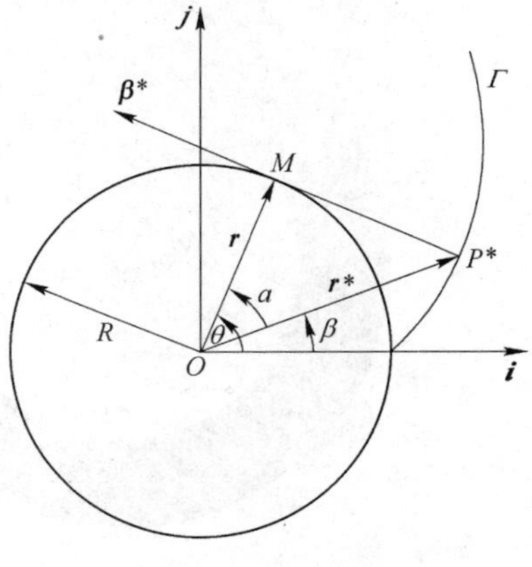

图 5－1　渐开线形成原理

渐开线的参数方程为：

$$
\begin{aligned}
\boldsymbol{r}^* &= \overrightarrow{OP^*} = \overrightarrow{OM} + \overrightarrow{MP} = \boldsymbol{r} - R\theta\boldsymbol{\beta}^* \\
&= R[(\cos\theta + \theta\sin\theta)\boldsymbol{i} + (\sin\theta - \theta\cos\theta)\boldsymbol{j}] \qquad (5-1) \\
&= \boldsymbol{r}^*(\theta) = \boldsymbol{r}_j(\theta)
\end{aligned}
$$

其中，$\boldsymbol{r}$ 是基圆 M 点的径矢；$\boldsymbol{\beta}^*$ 是基圆在 M 点的幺切矢（渐开线 P^* 点的法矢）。

渐开线具有下列特性：

（1）发生线沿基圆滚过的长度，等于基圆上被滚过的圆弧长度，即

$$\overrightarrow{MP^*} = \widehat{MN}$$

（2）发生线 MP^* 沿基圆作纯滚动，故它与基圆的切点 M 即为其速度瞬心，所以发生线 MP^* 即为渐开线的在 P^* 点的法线；

（3）发生线与基圆的切点 M 是渐开线在点 P^* 处的曲率中心，而线段 $\overrightarrow{MP^*}$ 就是渐开线在点 P^* 处的曲率半径；

（4）渐开线的形状取决于基圆的大小，如图 5－2 所示，在展角 β 相同的条件下，基

圆半径愈大，其渐开线的曲率半径也愈大，当基圆半径为无穷大时，其渐开线就变成一条直线，故齿条的齿廓曲线为直线；

（5）基圆以内无渐开线。

渐开线齿廓的啮合特点：

（1）渐开线齿廓能保证定传动比传动；

（2）渐开线齿廓之间的正压力方向不变；

（3）渐开线齿廓传动具有可分性。

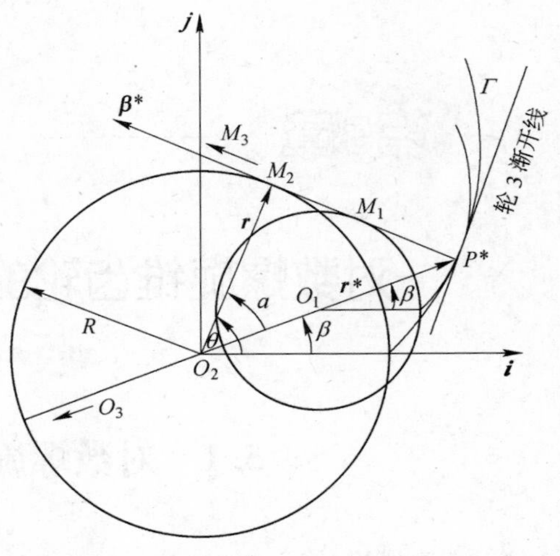

图 5－2　基圆半径不同时的渐开线

5.1.2　齿向线设计

对数螺旋锥齿轮的节锥上标志着廓面齿向特征的多条曲线称为齿向线。齿向线上某点的切线与该点所在的节锥母线之间的夹角称为螺旋角，用 β 表示。一对渐开线齿轮啮合时，要使一个齿轮的齿厚无侧隙地啮入另一个齿轮的齿槽，则一个齿轮的齿厚与另一个齿轮的齿槽宽应该相等。基于无侧隙啮合，希望沿齿向线方向随半径的变化，齿厚和齿槽都均匀变化，且满足齿轮的齿厚和齿轮的齿槽宽相等，即希望齿厚或齿槽占得角度值相等。而等角度的改变圆锥对数螺旋线起点位置后，自身就满足无侧隙啮合理论，如图 5－3 所示。

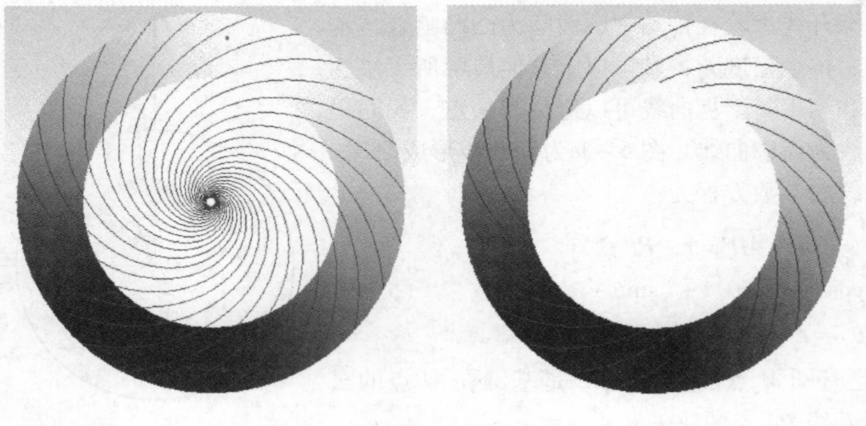

图 5－3　圆台上均布的圆锥对数螺旋线

5.1.3　基于齿向线和齿廓线构建齿面

圆柱面方程可由 u 线和 v 线来表示，如图 5－4 所示。

圆柱面的方程为：

$$\boldsymbol{r} = \overrightarrow{OM} + \overrightarrow{MP} = R\cos\theta \boldsymbol{i} + R\sin\theta \boldsymbol{j} + v\boldsymbol{k} \tag{5-2}$$

所以对数螺旋锥齿轮的齿面方程可由齿向线和齿廓线来表示，如图 5－5 所示。

根据圆柱面的求解方式，同样可以求得对数螺旋渐开线的齿面方程，其简化表达式为：

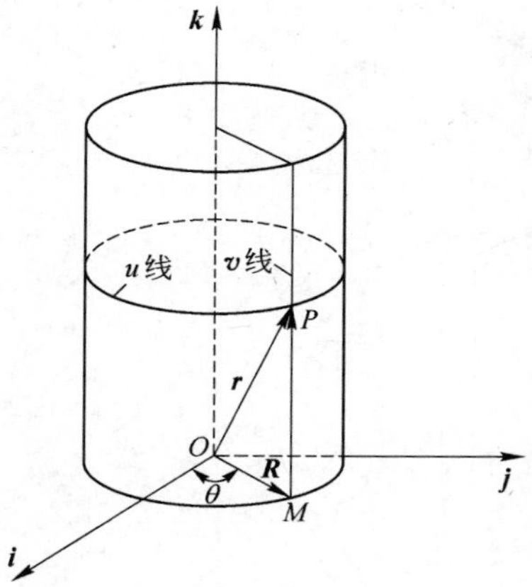

图 5-4 圆柱面

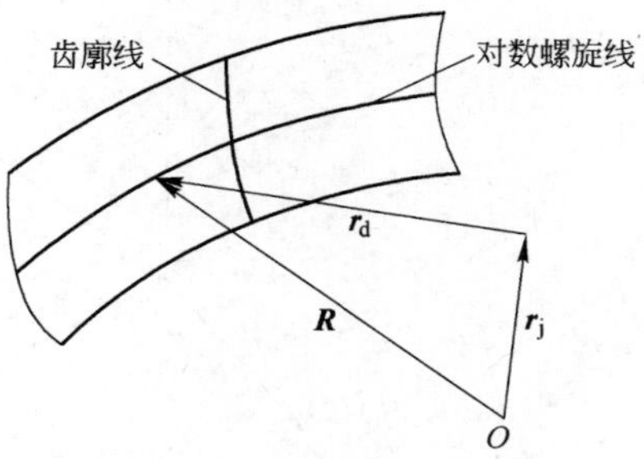

图 5-5 对数螺旋渐开线齿面

$$\boldsymbol{R}=\boldsymbol{r}_{\mathrm{j}}+\boldsymbol{r}_{\mathrm{d}} \tag{5-3}$$

由表达式可知，只要求得左右齿廓的渐开线和对数螺旋线的参数方程，即可求得左右齿廓面方程，即：

$$\boldsymbol{R}_{\mathrm{l}}(\theta_{\mathrm{l}},\ \varphi_{\mathrm{l}})=\boldsymbol{r}_{\mathrm{jl}}(\theta_{\mathrm{l}})+\boldsymbol{r}_{\mathrm{dl}}(\varphi_{\mathrm{l}}) \tag{5-4}$$

$$\boldsymbol{R}_{\mathrm{r}}(\theta_{\mathrm{r}},\ \varphi_{\mathrm{r}})=\boldsymbol{r}_{\mathrm{jr}}(\theta_{\mathrm{r}})+\boldsymbol{r}_{\mathrm{dr}}(\varphi_{\mathrm{r}}) \tag{5-5}$$

$$\boldsymbol{r}_{\mathrm{dl}}(\varphi_{\mathrm{l}})=b\mathrm{e}^{m\varphi}(\sin\alpha\cos\varphi_{\mathrm{l}}\boldsymbol{i}+\sin\alpha\sin\varphi_{\mathrm{l}}\boldsymbol{j}+\cos\alpha\boldsymbol{k}) \tag{5-6}$$

$$\boldsymbol{r}_{\mathrm{dr}}(\varphi_{\mathrm{r}})=b\mathrm{e}^{m\varphi}(\sin\alpha\cos\varphi_{\mathrm{r}}\boldsymbol{i}+\sin\alpha\sin\varphi_{\mathrm{r}}\boldsymbol{j}+\cos\alpha\boldsymbol{k}) \tag{5-7}$$

$$\boldsymbol{r}_{\mathrm{jl}}(\theta_{\mathrm{l}})=R[(\cos\theta_{\mathrm{l}}+\theta_{\mathrm{l}}\sin\theta_{\mathrm{l}})\boldsymbol{i}+(\sin\theta_{\mathrm{l}}-\theta_{\mathrm{l}}\cos\theta_{\mathrm{l}})\boldsymbol{j}] \tag{5-8}$$

$$\boldsymbol{r}_{\mathrm{jr}}(\theta_{\mathrm{r}})=R[(\cos\theta_{\mathrm{r}}+\theta_{\mathrm{r}}\sin\theta_{\mathrm{r}})\boldsymbol{i}+(\sin\theta_{\mathrm{r}}-\theta_{\mathrm{r}}\cos\theta_{\mathrm{r}})\boldsymbol{j}] \tag{5-9}$$

式（5-4）和式（5-5）分别表示对数螺旋锥齿轮左、右齿廓面方程。$\boldsymbol{r}_{\mathrm{dl}}(\varphi_{\mathrm{l}})$ 为实际左齿向线上一点在绝对坐标系下的矢径；$\boldsymbol{r}_{\mathrm{dr}}(\varphi_{\mathrm{r}})$ 为实际右齿向线上一点在绝对坐标系下的矢径；$\boldsymbol{r}_{\mathrm{jl}}(\theta_{\mathrm{l}})$ 为齿廓线上一点在左齿向线法面内的矢径；$\boldsymbol{r}_{\mathrm{jr}}(\theta_{\mathrm{r}})$ 为齿廓线上一点在右齿向线法面内的矢径。

5.2 对数螺旋锥齿轮齿面的构建方法

5.2.1 齿面构建的分析

利用对数螺旋渐开线齿面方程的简化表达式（5-3），则齿面方程为：

$$\begin{aligned}\boldsymbol{R}=&b\mathrm{e}^{m\varphi}(\sin\alpha\cos\varphi\boldsymbol{i}+\sin\alpha\sin\varphi\,\boldsymbol{j}+\cos\alpha\boldsymbol{k})+\\&R[(\cos\theta+\theta\sin\theta)\boldsymbol{i}+(\sin\theta-\theta\cos\theta)\boldsymbol{j}]\end{aligned} \tag{5-10}$$

式（5-10）在坐标系下形成的齿面，如图 5-6 所示。

图中，r_{φ} 为圆锥对数螺旋线在任意点 O_1 处的径矢，过点 O_1 做圆锥对数螺旋线在该点处的法面，在法面内以 O_1 为圆心，r 为基圆半径做渐开线，r_j 为渐开线在任意点处的径矢。故形成的齿面是距离分度锥为 r，并且具有圆锥对数螺旋线和渐开线特征的曲面。

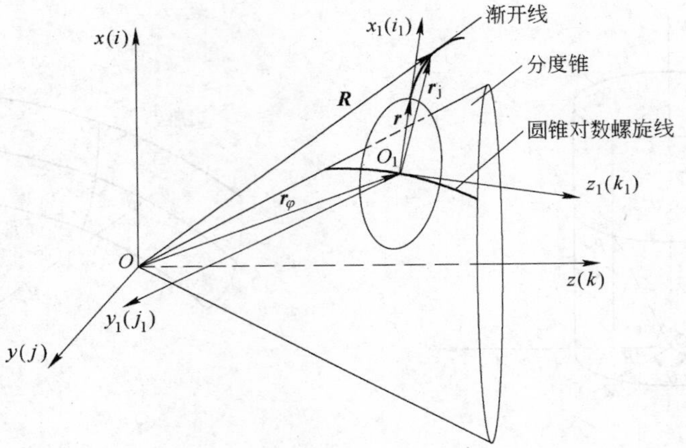

图 5-6　齿面形成矢量图

在 MATLAB 中也得到了相同的结论，如图 5-7 所示。

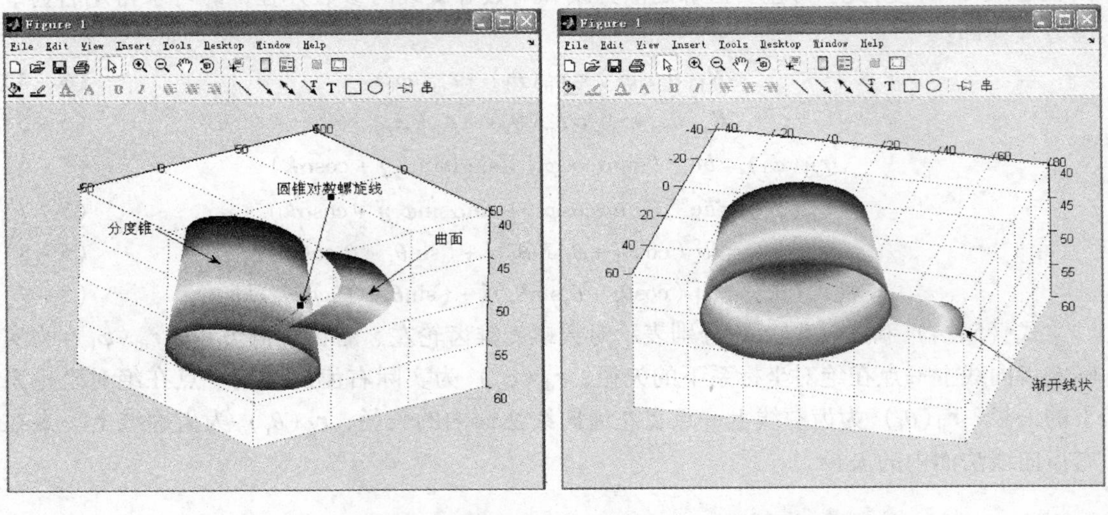

图 5-7　MATLAB 中圆锥对数螺旋线矢量和渐开线矢量相加图

曲面发生偏移经过分析是由于渐开线基圆的圆心在圆锥对数螺旋线上所致。由渐开线的特性 5 知，渐开线的发生线不能经过圆锥对数螺旋线，所以导致曲面的偏移。

如果渐开线的圆心在 O_2 处，则渐开线的起点经过圆锥对数螺旋线，如图 5-8 的矢量图所示。

渐开线表达式由坐标系 $s_1\{O_1, x_1, y_1, z_1\}$ 变换到坐标系 $s_2\{O_2, x_2, y_2, z_2\}$，而对数螺旋锥齿轮的齿面方程是由圆锥对数螺旋线上每一点处的坐标系 $s_2\{O_2, x_2, y_2, z_2\}$ 中的渐开线变换到坐标系 $s\{O, x, y, z\}$ 中得到的方程。该坐标变换是沿 x_1 轴的反方向平移了距离 r 的变换。由 $s_2\{O_2, x_2, y_2, z_2\}$ 到 $s\{O, x, y, z\}$ 坐标变换用以下矩阵方程表示：

$$\begin{bmatrix} x \\ y \\ z \\ 1 \end{bmatrix} = \boldsymbol{M}_{02} \begin{bmatrix} x_2 \\ y_2 \\ z_2 \\ 1 \end{bmatrix} \tag{5-11}$$

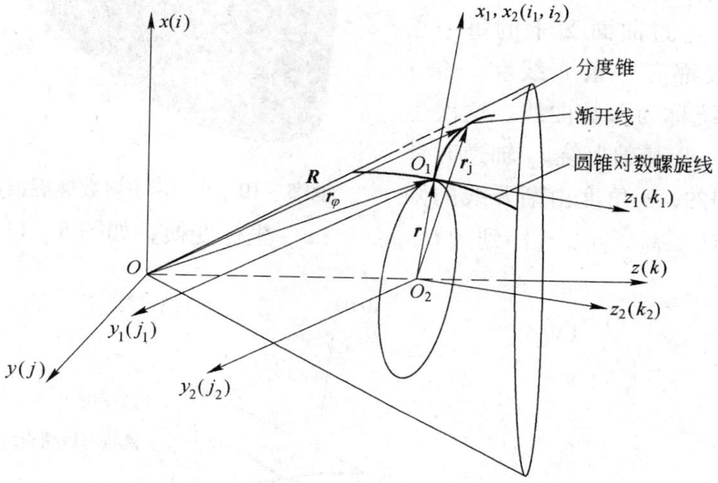

图 5-8 一次坐标变换齿面形成图

根据式（5-11）得到的方程式，在 MATLAB 软件中进行编程得到三维图像完全吻合一次坐标变换齿面形成图的理论构想。在 MATLAB 中的一次坐标变换齿面图，如图 5-9 所示。

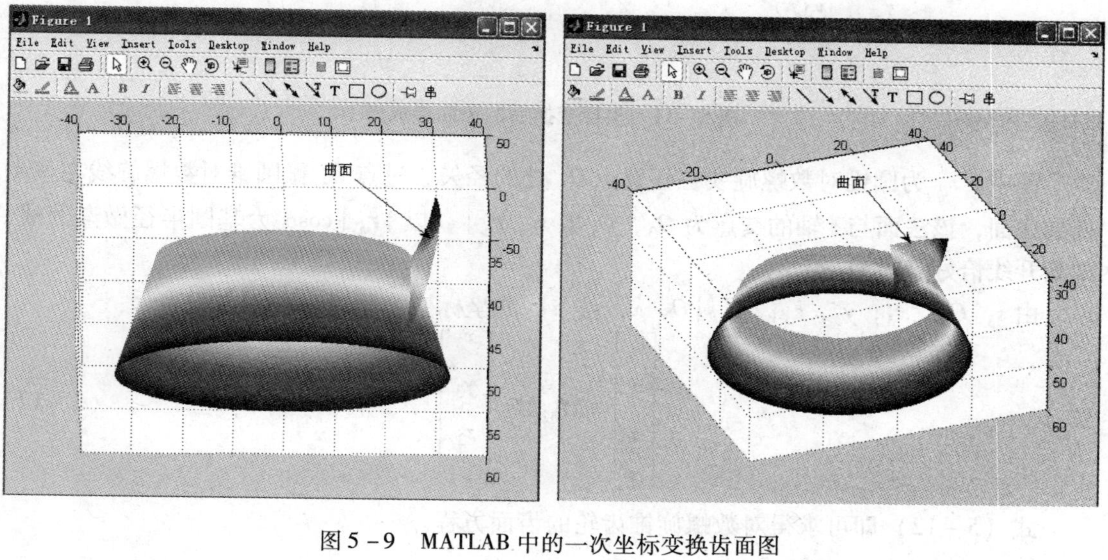

图 5-9 MATLAB 中的一次坐标变换齿面图

实际中的齿面是在分度锥（节锥）的上下分布，并且具有齿向线和齿廓线的特征，分度锥以上为齿顶，分度锥以下为齿根，如图 5-10 所示。

根据齿轮几何学的理论知识，对图5-8再进行一次坐标变化可得到理想的齿面，该齿面将分布在分度锥的上下，且形成的齿面恰好经过分度锥上的圆锥对数螺旋线，该圆锥对数螺旋线为形成该齿面的基准参数曲线。经过曲面 Σ 上的每一点 $r(u_0, v_0)$，一般都有一条 u 线和一条 v 线，u 线和 v 线统称为参数曲线。这次坐标变换是在图5-8基础上绕 z_2 轴逆时针旋转 δ 角度得到的，δ 角度由渐开线的知识求得。由 $s_3\{O_3, x_3, y_3, z_3\}$ 到 $s\{O, x, y, z\}$ 坐标变换，如图5-11所示。

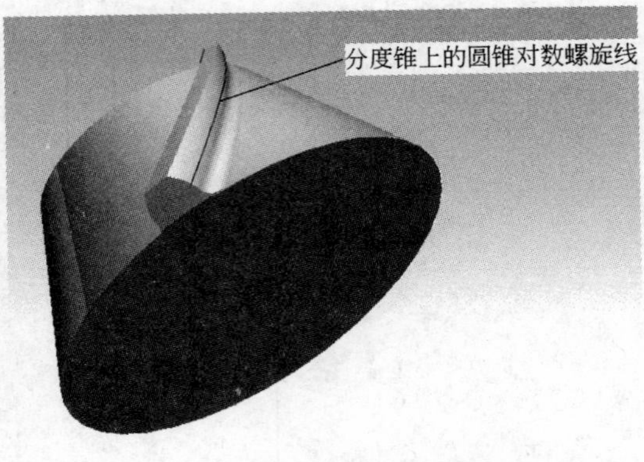

图5-10 Pro/E中对数螺旋锥齿轮的单齿

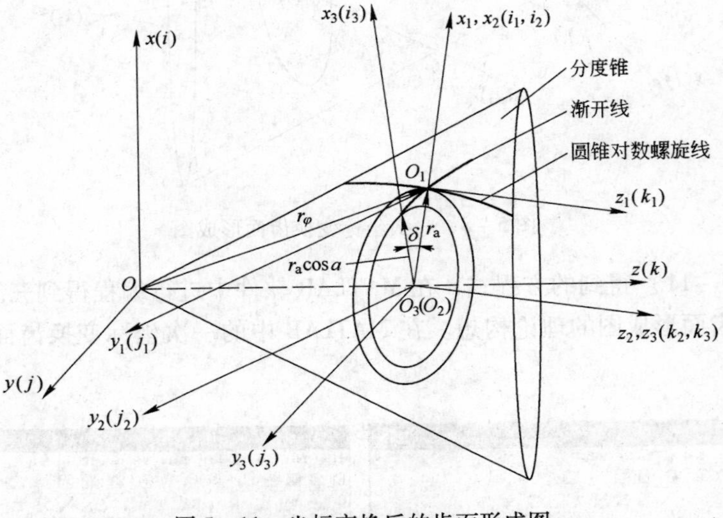

图5-11 坐标变换后的齿面形成图

图中，r_φ 为圆锥对数螺旋线在任意点 O_1 处的径矢，过点 O_1 做圆锥对数螺旋线在该点处的法面，该法面与 z 轴的交点为 O_3，$\overline{O_1O_3} = |\boldsymbol{r}_a|$，以 $|\boldsymbol{r}_a|\cos\alpha$ 为基圆半径做渐开线，则渐开线恰好经过 O_1 点。

由 $s_3\{O_3, x_3, y_3, z_3\}$ 到 $s\{O, x, y, z\}$ 的坐标变换用以下矩阵方程表示：

$$\begin{bmatrix} x \\ y \\ z \\ 1 \end{bmatrix} = \boldsymbol{M}_{02}\boldsymbol{M}_{23}\begin{bmatrix} x_3 \\ y_3 \\ z_3 \\ 1 \end{bmatrix} \tag{5-12}$$

式（5-12）即可求得对数螺旋锥齿轮的齿面方程。

5.2.2 左齿面的构建

在辅助坐标系 $s_3\{O_3, x_3, y_3, z_3\}$ 中，渐开线的表达式为：

$$\begin{cases} x_3 = |r_a| \cos a(\cos\theta + \theta\sin\theta) \\ y_3 = -|r_a| \cos a(\sin\theta - \theta\cos\theta) \\ z_3 = 0 \end{cases} \quad (5-13)$$

5.2.2.1 变换矩阵 M_{02} 的求解过程

在圆锥对数螺旋线上的任一点 O_1 处对应的矢量为 $\boldsymbol{r}(\varphi)$，则该点的切矢为 $\boldsymbol{r}'(\varphi)$，$\boldsymbol{r}'(\varphi)$ 即为辅助坐标系的 $z_1(z_2)$ 轴，则该点的切矢为：

$$\boldsymbol{r}'(\varphi) = \{bm\mathrm{e}^{m\varphi}\sin\alpha\cos\varphi - b\mathrm{e}^{m\varphi}\sin\alpha\sin\varphi, \\ bm\mathrm{e}^{m\varphi}\sin\alpha\sin\varphi + b\mathrm{e}^{m\varphi}\sin\alpha\cos\varphi, bm\mathrm{e}^{m\varphi}\cos\alpha\} \quad (5-14)$$

$\boldsymbol{r}'(\varphi)$ 的模为：

$$|\boldsymbol{r}'(\varphi)| = b\mathrm{e}^{m\varphi}\sqrt{m^2 + \sin^2\alpha} \quad (5-15)$$

z_2 轴与原坐标系 $s\{O, x, y, z\}$ 中的 x，y，z 轴的夹角为 α_2，β_2，γ_2，则：

$$\begin{cases} \cos\alpha_2 = \dfrac{\boldsymbol{r}'(\varphi)_x}{|\boldsymbol{r}'(\varphi)|} = \dfrac{m\sin\alpha\cos\varphi - \sin\alpha\sin\varphi}{\sqrt{m^2 + \sin^2\alpha}} \\ \cos\beta_2 = \dfrac{\boldsymbol{r}'(\varphi)_y}{|\boldsymbol{r}'(\varphi)|} = \dfrac{m\sin\alpha\sin\varphi + \sin\alpha\cos\varphi}{\sqrt{m^2 + \sin^2\alpha}} \\ \cos\gamma_2 = \dfrac{\boldsymbol{r}'(\varphi)_z}{|\boldsymbol{r}'(\varphi)|} = \dfrac{m\cos\alpha}{\sqrt{m^2 + \sin^2\alpha}} \end{cases} \quad (5-16)$$

在圆锥对数螺旋线上的任一点 O_1 的径矢为 $\boldsymbol{r}(\varphi)$，其切矢为 $\boldsymbol{r}'(\varphi)$，则该点的法面方程为：

$$\boldsymbol{r}'(\varphi)[\boldsymbol{\rho} - \boldsymbol{r}(\varphi)] = 0 \quad (5-17)$$

式中，$\boldsymbol{\rho}$ 表示法面上任意一点的径矢。

将式（2-3）和式（5-14）代入式（5-17）得：

$$\{bm\mathrm{e}^{m\varphi}\sin\alpha\cos\varphi - b\mathrm{e}^{m\varphi}\sin\alpha\sin\varphi,\ bm\mathrm{e}^{m\varphi}\sin\alpha\sin\varphi + b\mathrm{e}^{m\varphi}\sin\alpha\cos\varphi,\ bm\mathrm{e}^{m\varphi}\cos\alpha\} \cdot \\ [\rho - \{b\mathrm{e}^{m\varphi}\sin\alpha\cos\varphi,\ b\mathrm{e}^{m\varphi}\sin\alpha\sin\varphi,\ b\mathrm{e}^{m\varphi}\cos\alpha\}] = 0 \quad (5-18)$$

设法面上任意一点 $\boldsymbol{\rho}$ 的三个分量为 x，y，z，记为 $\boldsymbol{\rho} = \{x, y, z\}$，则式（5-18）圆锥对数螺旋线任意一点法面方程又可写成为：

$$\{bm\mathrm{e}^{m\varphi}\sin\alpha\cos\varphi - b\mathrm{e}^{m\varphi}\sin\alpha\sin\varphi,\ bm\mathrm{e}^{m\varphi}\sin\alpha\sin\varphi + b\mathrm{e}^{m\varphi}\sin\alpha\cos\varphi,\ bm\mathrm{e}^{m\varphi}\cos\alpha\} \cdot \\ \{x - b\mathrm{e}^{m\varphi}\sin\alpha\cos\varphi,\ y - b\mathrm{e}^{m\varphi}\sin\alpha\sin\varphi,\ z - b\mathrm{e}^{m\varphi}\cos\alpha\} = 0 \quad (5-19)$$

展开后，可得法面方程为：

$$b\mathrm{e}^{m\varphi}\sin\alpha(m\cos\varphi - \sin\varphi)(x - b\mathrm{e}^{m\varphi}\sin\alpha\cos\varphi) + \\ b\mathrm{e}^{m\varphi}\sin\alpha(m\sin\varphi + \cos\varphi)(y - b\mathrm{e}^{m\varphi}\sin\alpha\sin\varphi) + \\ b\mathrm{e}^{m\varphi}\cos\alpha(z - b\mathrm{e}^{m\varphi}\cos\alpha) = 0 \quad (5-20)$$

令法面方程（5-20）中 $x=0$，$y=0$，则得：

$$z = \frac{b\mathrm{e}^{m\varphi}}{\cos\alpha} \quad (5-21)$$

故，法面方程与 z 轴的交点为 $O_3\left(0,\ 0,\ \dfrac{b\mathrm{e}^{m\varphi}}{\cos\alpha}\right)$。

由矢量 $\boldsymbol{r}_a = \overrightarrow{O_3O_1}$，则

$$\boldsymbol{r}_a = \{be^{m\varphi}\sin\alpha\cos\varphi, be^{m\varphi}\sin\alpha\sin\varphi, -be^{m\varphi}\sin\alpha\tan\alpha\} \tag{5-22}$$

$\boldsymbol{r}_a$ 的模为：

$$|\boldsymbol{r}_a| = be^{m\varphi}\tan\alpha \tag{5-23}$$

由于 $\boldsymbol{r}_a$ 为辅助坐标系 $s_2\ \{O_2, x_2, y_2, z_2\}$ 的 x_2 轴，x_2 轴与原坐标系 $s\ \{O, x, y, z\}$ 中的 x，y，z 轴的夹角为 α，β，γ，则：

$$\begin{cases} \cos\alpha = \dfrac{\boldsymbol{r}_{ax}}{|\boldsymbol{r}_a|} = \cos\alpha\ \cos\varphi \\ \cos\beta = \dfrac{\boldsymbol{r}_{ay}}{|\boldsymbol{r}_a|} = \cos\alpha\ \sin\varphi \\ \cos\gamma = \dfrac{\boldsymbol{r}_{az}}{|\boldsymbol{r}_a|} = -\sin\alpha \end{cases} \tag{5-24}$$

由矢量的基本运算可知，$\boldsymbol{j} = \boldsymbol{k} \times \boldsymbol{i}$，所以 $\boldsymbol{y}_2 = \boldsymbol{z}_2 \times \boldsymbol{x}_2$

$$\begin{aligned} \boldsymbol{y}_2 &= \begin{bmatrix} \boldsymbol{i} & \boldsymbol{j} & \boldsymbol{k} \\ \cos\alpha_2 & \cos\beta_2 & \cos\gamma_2 \\ \cos\alpha & \cos\beta & \cos\gamma \end{bmatrix} \\ &= (\cos\beta_2\cos\gamma - \cos\beta\cos\gamma_2)\boldsymbol{i} + (\cos\alpha\cos\gamma_2 - \cos\alpha_2\cos\gamma)\boldsymbol{j} + \\ &\quad (\cos\alpha_2\cos\beta - \cos\alpha\cos\beta_2)\boldsymbol{k} \end{aligned} \tag{5-25}$$

令：

$$\begin{cases} \cos\alpha_1 = \cos\beta_2\cos\gamma - \cos\beta\cos\gamma_2 = -\dfrac{m\sin\varphi + \cos\varphi\sin^2\alpha}{\sqrt{m^2 + \sin^2\alpha}} \\ \cos\beta_1 = \cos\alpha\cos\gamma_2 - \cos\alpha_2\cos\gamma = \dfrac{m\cos\varphi - \sin\varphi\sin^2\alpha}{\sqrt{m^2 + \sin^2\alpha}} \\ \cos\gamma_1 = \cos\alpha_2\cos\beta - \cos\alpha\cos\beta_2 = -\dfrac{\sin\alpha\cos\alpha}{\sqrt{m^2 + \sin^2\alpha}} \end{cases} \tag{5-26}$$

式中，α_1，β_1，γ_1 为辅助坐标系 $s_2\ \{O_2, x_2, y_2, z_2\}$ 的 y_2 轴与原坐标系 $s\ \{O, x, y, z\}$ 中的 x，y，z 轴的夹角。

由坐标变换可知，坐标变换矩阵：

$$\begin{aligned} \boldsymbol{M}_{02} &= \begin{bmatrix} \cos(x,x_2) & \cos(x,y_2) & \cos(x,z_2) & \overrightarrow{OO_2}\cdot\boldsymbol{i} \\ \cos(y,x_2) & \cos(y,y_2) & \cos(y,z_2) & \overrightarrow{OO_2}\cdot\boldsymbol{j} \\ \cos(z,x_2) & \cos(z,y_2) & \cos(z,z_2) & \overrightarrow{OO_2}\cdot\boldsymbol{k} \\ 0 & 0 & 0 & 1 \end{bmatrix} \\ &= \begin{bmatrix} \cos\alpha & \cos\alpha_1 & \cos\alpha_2 & 0 \\ \cos\beta & \cos\beta_1 & \cos\beta_2 & 0 \\ \cos\gamma & \cos\gamma_1 & \cos\gamma_2 & \overrightarrow{OO_2} \\ 0 & 0 & 0 & 1 \end{bmatrix} \end{aligned} \tag{5-27}$$

将式（5-16）、式（5-24）和式（5-26）代入式（5-27）即可求得变换矩阵 M_{02}。

5.2.2.2 变换矩阵 M_{23} 的求解过程

渐开线的形成及坐标变化，如图 5-12 所示。图中渐开线的基圆半径为 $R\cos a$，a 为压力角，$|r^*|=R$，其中 R 为式（5-22）中的矢量 r_a 的模 $|r_a|$。坐标系 s_2 $\{O_2, x_2, y_2, z_2\}$ 绕 z_2 轴逆时针旋转 δ 角度变换为坐标系 s_3 $\{O_3, x_3, y_3, z_3\}$，当渐开线的矢量模 $|r^*|=R$ 时，渐开线恰好经过圆锥对数螺旋线的 O_1 点。

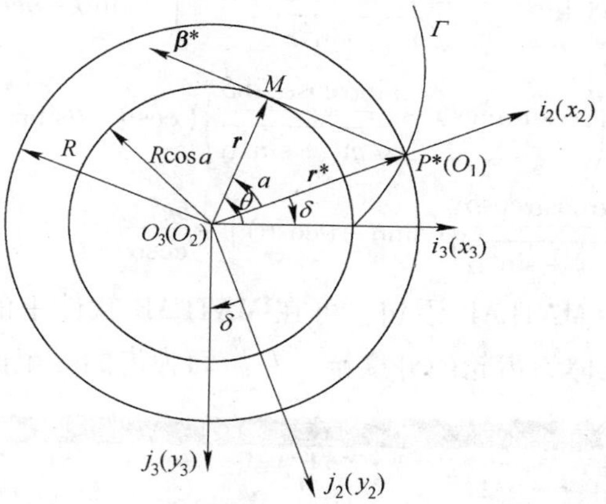

图 5-12 渐开线的形成及坐标变换

由渐开线的知识可知：

$$\begin{aligned} \boldsymbol{r}^* &= \overrightarrow{OP^*} = \overrightarrow{OM} + \overrightarrow{MP} = \boldsymbol{r} - R\cos a\theta\boldsymbol{\beta}^* \\ &= R\cos a[(\cos\theta + \theta\sin\theta)\boldsymbol{i} - (\sin\theta - \theta\cos\theta)\boldsymbol{j}] \end{aligned} \tag{5-28}$$

由 $|\boldsymbol{r}^*| = R \Rightarrow \theta = \tan\alpha$，从图中知：$\delta = \theta - \alpha$

所以

$$\delta = \tan\alpha - \alpha \tag{5-29}$$

由坐标变换可知，坐标变换矩阵：

$$\boldsymbol{M}_{23} = \begin{bmatrix} \cos(x_2,x_3) & \cos(x_2,y_3) & \cos(x_2,z_3) & \overrightarrow{O_2O_3}\cdot\boldsymbol{i}_2 \\ \cos(y_2,x_3) & \cos(y_2,y_3) & \cos(y_2,z_3) & \overrightarrow{O_2O_3}\cdot\boldsymbol{j}_2 \\ \cos(z_2,x_3) & \cos(z_2,y_3) & \cos(z_2,z_3) & \overrightarrow{O_2O_3}\cdot\boldsymbol{k}_2 \\ 0 & 0 & 0 & 1 \end{bmatrix} \tag{5-30}$$

$$= \begin{bmatrix} \cos\delta & -\sin\delta & 0 & 0 \\ \sin\delta & \cos\delta & 0 & 0 \\ 0 & 0 & 1 & 0 \\ 0 & 0 & 0 & 1 \end{bmatrix}$$

把式（5-29）代入式（5-30）即可求得变换矩阵 $\boldsymbol{M}_{23}$。

5.2.2.3 左齿面的方程

将式（5-13）、式（5-27）和式（5-30）代入式（5-12）即可求得左齿面方程：

$$
\begin{cases}
x = be^{m\varphi}\tan\alpha\ \cos a\left[\left(\cos\alpha\cos\varphi\cos\delta - \dfrac{(m\sin\varphi + \cos\varphi\ \sin^2\alpha)\sin\delta}{\sqrt{m^2 + \sin^2\alpha}}\right)(\cos\theta + \theta\sin\theta) + \right. \\
\left.\left(\cos\alpha\ \cos\varphi\sin\delta + \dfrac{(m\sin\varphi + \cos\varphi\ \sin^2\alpha)\cos\delta}{\sqrt{m^2 + \sin^2\alpha}}\right)(\sin\theta - \theta\cos\theta)\right] \\
y = be^{m\varphi}\tan\alpha\ \cos a\left[\left(\cos\alpha\sin\varphi\cos\delta + \dfrac{(m\cos\varphi - \sin\varphi\ \sin^2\alpha)\sin\delta}{\sqrt{m^2 + \sin^2\alpha}}\right)(\cos\theta + \theta\sin\theta) - \right. \\
\left.\left(-\cos\alpha\ \sin\varphi\sin\delta + \dfrac{(m\cos\varphi - \sin\varphi\ \sin^2\alpha)\cos\delta}{\sqrt{m^2 + \sin^2\alpha}}\right)(\sin\theta - \theta\cos\theta)\right] \\
z = be^{m\varphi}\tan\alpha\ \cos a\left[\left(-\sin\alpha\cos\delta - \dfrac{\sin\alpha\cos\alpha\sin\delta}{\sqrt{m^2 + \sin^2\alpha}}\right)(\cos\theta + \theta\sin\theta) - \right. \\
\left.\left(\sin\alpha\ \sin\delta - \dfrac{\sin\alpha\cos\alpha\cos\delta}{\sqrt{m^2 + \sin^2\alpha}}\right)(\sin\theta - \theta\cos\theta)\right] + \dfrac{be^{m\varphi}}{\cos\alpha}
\end{cases}
$$

把左齿面方程转化为 MATLAB 语句，可在 MATLAB 软件中的到左齿面的三维图，如图 5－13 所示。图中的锥体为齿轮的分度锥，左齿面为齿的一个面。

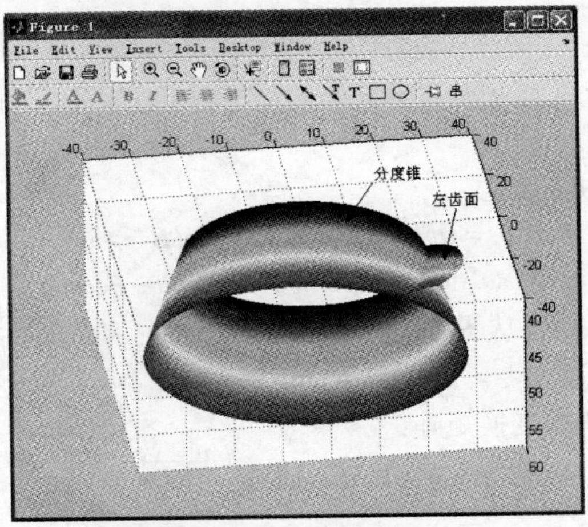

图 5－13　MATLAB 中的左齿面

5.2.3　右齿面的构建

右齿面的构建过程与左齿面的构建类似，将左齿面构建过程中的圆锥对数螺旋线 $\boldsymbol{r}(\varphi)$ 变为 $\boldsymbol{r}$（$\varphi + t$）：

$$
\boldsymbol{r}(\varphi + t) = be^{m(\varphi + t)}[\sin\alpha\ \cos(\varphi + t)\boldsymbol{i} + \sin\alpha\ \sin(\varphi + t)\boldsymbol{j} + \cos\alpha\ \boldsymbol{k}] \tag{5-31}
$$

在辅助坐标系 s_3' $\{O_3', x_3', y_3', z_3'\}$ 中，渐开线旋向与左齿面的旋向相反，表达式为：

$$
\begin{cases}
x_3' = |r_a| \cos a\ (\cos\theta + \theta\ \sin\theta) \\
y_3' = |r_a| \cos a\ (\sin\theta - \theta\ \cos\theta) \\
z_3' = 0
\end{cases} \tag{5-32}
$$

用同样的方法可求得辅助坐标系 s_2' $\{O_2', x_2', y_2', z_2'\}$ 中 z_2' 轴与原坐标系 s $\{O, x, y, z\}$ 中的 x, y, z 轴的夹角 α_2, β_2, γ_2 的余弦，则：

$$\begin{cases} \cos\alpha_2 = \dfrac{\boldsymbol{r}'(\varphi+t)_x}{|\boldsymbol{r}'(\varphi+t)|} = \dfrac{m\sin\alpha\cos(\varphi+t) - \sin\alpha\sin(\varphi+t)}{\sqrt{m^2+\sin^2\alpha}} \\ \cos\beta_2 = \dfrac{\boldsymbol{r}'(\varphi+t)_y}{|\boldsymbol{r}'(\varphi+t)|} = \dfrac{m\sin\alpha\sin(\varphi+t) + \sin\alpha\cos(\varphi+t)}{\sqrt{m^2+\sin^2\alpha}} \\ \cos\gamma_2 = \dfrac{\boldsymbol{r}'(\varphi+t)_z}{|\boldsymbol{r}'(\varphi+t)|} = \dfrac{m\cos\alpha}{\sqrt{m^2+\sin^2\alpha}} \end{cases} \tag{5-33}$$

同样可求的辅助坐标系 s_2' $\{O_2', x_2', y_2', z_2'\}$ 的 x_2' 轴与原坐标系 s $\{O, x, y, z\}$ 中的 x, y, z 轴的夹角 α, β, γ 的余弦，则：

$$\begin{cases} \cos\alpha = \dfrac{\boldsymbol{r}_{ax}}{|\boldsymbol{r}_a|} = \cos\alpha\ \cos(\varphi+t) \\ \cos\beta = \dfrac{\boldsymbol{r}_{ay}}{|\boldsymbol{r}_a|} = \cos\alpha\ \sin(\varphi+t) \\ \cos\gamma = \dfrac{\boldsymbol{r}_{az}}{|\boldsymbol{r}_a|} = -\sin\alpha \end{cases} \tag{5-34}$$

同样可求得辅助坐标系 s_2' $\{O_2', x_2', y_2', z_2'\}$ 的 y_2' 轴与原坐标系 s $\{O, x, y, z\}$ 中的 x, y, z 轴的夹角 α, β, γ 的余弦，则：

$$\begin{cases} \cos\alpha_1 = -\dfrac{m\sin(\varphi+t) + \cos(\varphi+t)\sin^2\alpha}{\sqrt{m^2+\sin^2\alpha}} \\ \cos\beta_1 = \dfrac{m\cos(\varphi+t) - \sin(\varphi+t)\sin^2\alpha}{\sqrt{m^2+\sin^2\alpha}} \\ \cos\gamma_1 = -\dfrac{\sin\alpha\cos\alpha}{\sqrt{m^2+\sin^2\alpha}} \end{cases} \tag{5-35}$$

由坐标变换可知，坐标变换矩阵：

$$\boldsymbol{M}_{02} = \begin{bmatrix} \cos(x,x_2') & \cos(x,y_2') & \cos(x,z_2') & \overrightarrow{OO_2}\cdot \boldsymbol{i} \\ \cos(y,x_2') & \cos(y,y_2') & \cos(y,z_2') & \overrightarrow{OO_2}\cdot \boldsymbol{j} \\ \cos(z,x_2') & \cos(z,y_2') & \cos(z,z_2') & \overrightarrow{OO_2}\cdot \boldsymbol{k} \\ 0 & 0 & 0 & 1 \end{bmatrix}$$

$$= \begin{bmatrix} \cos\alpha & \cos\alpha_1 & \cos\alpha_2 & 0 \\ \cos\beta & \cos\beta_1 & \cos\beta_2 & 0 \\ \cos\gamma & \cos\gamma_1 & \cos\gamma_2 & \overline{OO_2} \\ 0 & 0 & 0 & 1 \end{bmatrix} \tag{5-36}$$

将式（5-33）~式（5-35）代入式（5-36）即可求得变换矩阵 $\boldsymbol{M}_{02}$。

渐开线的形成及坐标变化与左齿面的变换相似，仅渐开线的旋向与左齿面的渐开线旋向相反，如图 5-14 所示。

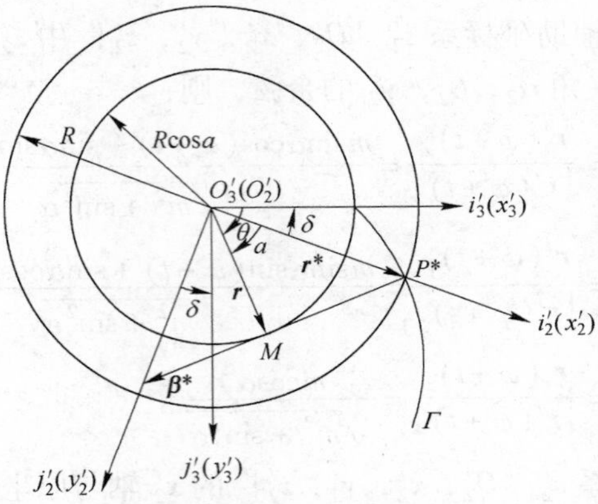

图 5 - 14　右齿面渐开线的形成及坐标变换

变换矩阵 $\boldsymbol{M}_{23}$ 的求解过程变为：

$$\boldsymbol{M}_{23}=\begin{bmatrix}\cos(x_2',x_3') & \cos(x_2',y_3') & \cos(x_2',z_3') & \overrightarrow{O_2'O_3'}\cdot\boldsymbol{i}_2\\ \cos(y_2',x_3') & \cos(y_2',y_3') & \cos(y_2',z_3') & \overrightarrow{O_2'O_3'}\cdot\boldsymbol{j}_2\\ \cos(z_2',x_3') & \cos(z_2',y_3') & \cos(z_2',z_3') & \overrightarrow{O_2'O_3'}\cdot\boldsymbol{k}_2\\ 0 & 0 & 0 & 1\end{bmatrix}\tag{5-37}$$

$$=\begin{bmatrix}\cos\delta & \sin\delta & 0 & 0\\ -\sin\delta & \cos\delta & 0 & 0\\ 0 & 0 & 1 & 0\\ 0 & 0 & 0 & 1\end{bmatrix}$$

同理，把式（5 - 32）、式（5 - 36）和式（5 - 37）代入式（5 - 38）即可求得右齿面方程。

$$\begin{bmatrix}x\\ y\\ z\\ 1\end{bmatrix}=\boldsymbol{M}_{02}\boldsymbol{M}_{23}\begin{bmatrix}x_3'\\ y_3'\\ z_3'\\ 1\end{bmatrix}\tag{5-38}$$

右齿面方程如下所示：

$$\begin{cases}x=be^{m\varphi}\tan\alpha\ \cos a\Bigg[\left(\cos\alpha\ \cos(\varphi+t)\cos\delta+\dfrac{[m\sin(\varphi+t)+\cos(\varphi+t)\sin^2\alpha]\sin\delta}{\sqrt{m^2+\sin^2\alpha}}\right)(\cos\theta+\\ \theta\sin\theta)+\left(\cos\alpha\ \cos(\varphi+t)\sin\delta-\dfrac{[m\sin(\varphi+t)+\cos(\varphi+t)\sin^2\alpha]\cos\delta}{\sqrt{m^2+\sin^2\alpha}}\right)(\sin\theta-\theta\cos\theta)\Bigg]\\ y=be^{m\varphi}\tan\alpha\ \cos a\Bigg[\left(\cos\alpha\ \sin(\varphi+t)\cos\delta-\dfrac{[m\cos(\varphi+t)-\sin(\varphi+t)\sin^2\alpha]\sin\delta}{\sqrt{m^2+\sin^2\alpha}}\right)(\cos\theta+\\ \theta\sin\theta)+\left(\cos\alpha\sin(\varphi+t)\sin\delta+\dfrac{[m\cos(\varphi+t)-\sin(\varphi+t)\sin^2\alpha]\cos\delta}{\sqrt{m^2+\sin^2\alpha}}\right)(\sin\theta-\theta\cos\theta)\Bigg]\\ z=be^{m\varphi}\tan\alpha\ \cos a\Bigg[\left(-\sin\alpha\cos\delta+\dfrac{\sin\alpha\cos\alpha\sin\delta}{\sqrt{m^2+\sin^2\alpha}}\right)(\cos\theta+\theta\sin\theta)-\\ \left(\sin\alpha\sin\delta+\dfrac{\sin\alpha\ \cos\alpha\cos\delta}{\sqrt{m^2+\sin^2\alpha}}\right)(\sin\theta-\theta\cos\theta)\Bigg]+\dfrac{be^{m\varphi}}{\cos\alpha}\end{cases}$$

把右齿面方程转化为 MATLAB 语句，可在 MATLAB 软件中的到右齿面的三维图，如图5－15所示。图中的锥体为齿轮的分度锥，右齿面为齿的一个面。

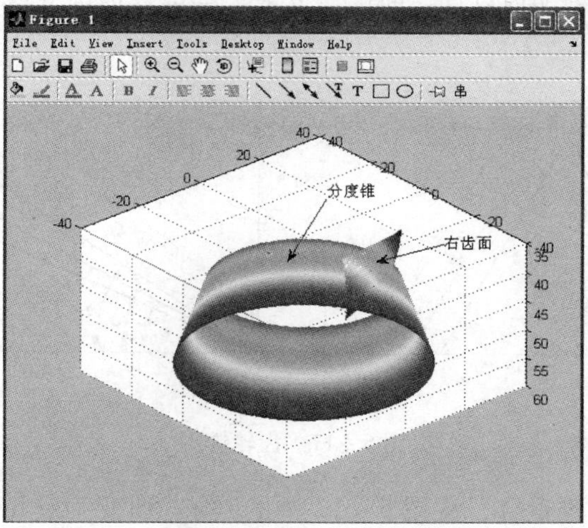

图 5－15　MATLAB 中的右齿面

在 MATLAB 中的两齿面如图 5－16 所示。

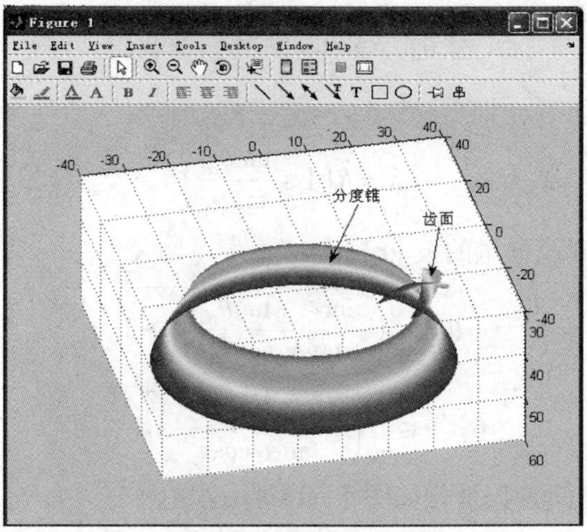

图 5－16　MATLAB 中的两齿面图

5.2.4　齿面参数的量化

通过对上述两齿面方程的分析，齿面方程中除了两变量 φ 和 θ 外，其余均为常数。

5.2.4.1　参数 φ 的量化

参见圆锥对数螺旋参数化：

$$0 \leqslant \varphi \leqslant \frac{1}{m} \ln \frac{d}{b} \tag{5-39}$$

5.2.4.2　参数 θ 的量化

对数螺旋锥齿轮按渐缩齿设计，面锥、节锥、基锥、根锥等齿轮几何关系如图 5－17（a）所示。

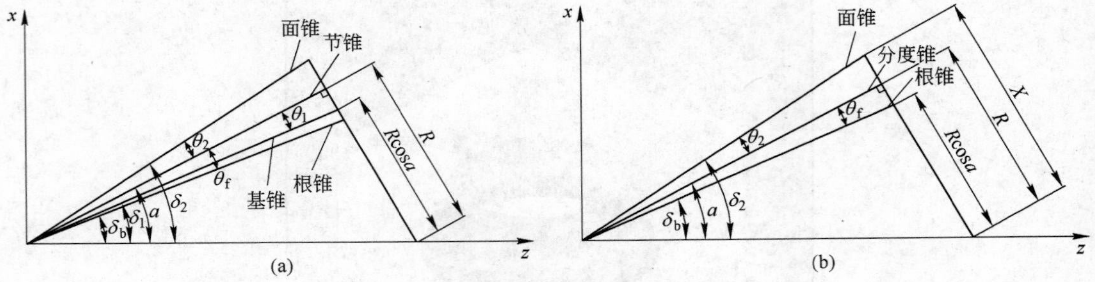

图 5－17　齿轮锥图

近似地令基锥与根锥重合，从图 5－17 中的（a）图变为（b）图。不仅保证了齿轮在啮合过程中留有顶隙，而且还方便了 θ 参数的计算。以小齿轮计算为例，其中 α_1 为小齿轮的分度锥角，a 为压力角，m 为模数。

齿顶高：$$h_{\alpha 1} = (h_\alpha^* + x_1)m$$

齿顶角：$$\theta_{\alpha 1} = \arctan\left(\frac{h_{\alpha 1}\tan\alpha_1}{R}\right)$$

小齿轮的面角：$$\delta_{\alpha 1} = \alpha_1 + \theta_{\alpha 1}$$

从图（b）中可求的 X 为：$$X = R\left(1 + \frac{\tan\theta_{\alpha 1}}{\tan\alpha_1}\right)$$

令式（5－28）渐开线矢量的模 $|\boldsymbol{r}^*| = X$

$$\theta = \sqrt{\left(\frac{\tan\alpha_1 + \tan\theta_{\alpha 1}}{\tan\alpha_1\cos a}\right)^2 - 1}$$

所以 $$0 \leqslant \theta \leqslant \sqrt{\left(\frac{\tan\alpha_1 + \tan\theta_{\alpha 1}}{\tan\alpha_1\cos a}\right)^2 - 1}$$

在 MATLAB 中的齿面参数量化如图 5－18 所示。

大齿轮的齿根角：$$\theta_{f2} = \arctan[(1 - \cos\alpha)\tan a_2]$$

小齿轮的面角：$$\delta_{\alpha 1} = a_1 + \theta_{a1} = a_1 + \theta_{f2}$$

所以图（b）中的 X 为：$$X = R\left(1 + \frac{\tan\theta_{f2}}{\tan a_1}\right)$$

令式（5－28）渐开线矢量的模 $|\boldsymbol{r}^*| = X$

$$\theta = \sqrt{\left(\frac{\tan a_1 + \tan\theta_{f2}}{\tan a_1\cos\alpha}\right)^2 - 1}$$

所以 $$0 \leqslant \theta \leqslant \sqrt{\left(\frac{\tan a_1 + \tan\theta_{f2}}{\tan a_1\cos\alpha}\right)^2 - 1}$$

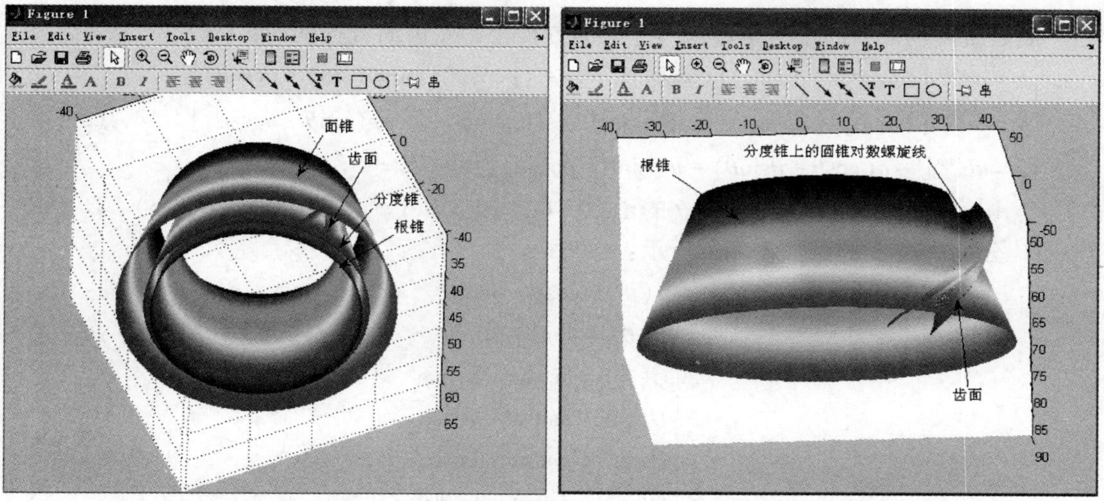

图 5-18 MATLAB 中齿面参数量化图

5.3 齿面的数学特性

5.3.1 齿面的法曲率

齿面的数学特性研究主要以左齿面为例，为了更方便计算，将齿面方程中的常数项用以下小写字母 a、b、h、p、t、q、w、u、d、e、g、v 代替。令：

$$a = b\tan\alpha\cos\alpha$$

$$b = \cos\alpha\cos\delta - \frac{\sin^2\alpha\sin\delta}{\sqrt{m^2 + \sin^2\alpha}}$$

$$h = \frac{m\sin\delta}{\sqrt{m^2 + \sin^2\alpha}}$$

$$p = \cos\alpha\sin\delta + \frac{\sin^2\alpha\cos\delta}{\sqrt{m^2 + \sin^2\alpha}};\ pq - bw = \frac{\sin\alpha}{\sqrt{m^2 + \sin^2\alpha}}$$

$$t = \frac{m\cos\delta}{\sqrt{m^2 + \sin^2\alpha}};\ tq + hw = \frac{m\sin\alpha}{\sqrt{m^2 + \sin^2\alpha}}$$

$$q = \sin\alpha\cos\delta + \frac{\sin\alpha\cos\alpha\sin\delta}{\sqrt{m^2 + \sin^2\alpha}}$$

$$w = \sin\alpha\sin\delta - \frac{\sin\alpha\cos\alpha\cos\delta}{\sqrt{m^2 + \sin^2\alpha}}$$

$$u = \frac{b}{\cos\alpha}$$

对上面各式进行分析可得：

$$b^2 + h^2 + q^2 = 1$$
$$p^2 + t^2 + w^2 = 1$$

把上面代表常数的小写字母代入左齿面方程，则左齿面方程变为：

$$\begin{cases} x = ae^{m\varphi}[(b\cos\varphi - h\sin\varphi)(\cos\theta + \theta\sin\theta) + (p\cos\varphi + t\sin\varphi(\sin\theta - \theta\cos\theta)] \\ y = ae^{m\varphi}[(b\sin\varphi + h\cos\varphi)(\cos\theta + \theta\sin\theta) + (p\sin\varphi - t\cos\varphi(\sin\theta - \theta\cos\theta)] \\ z = ae^{m\varphi}[-q(\cos\theta + \theta\sin\theta) - w(\sin\theta - \theta\cos\theta)] + ue^{m\varphi} \end{cases} \tag{5-40}$$

令 $A(\theta)$、$B(\theta)$ 分别代表 θ 的函数，$C(\varphi)$、$D(\varphi)$、$H(\varphi)$、$Q(\varphi)$、$G(\varphi)$、$T(\varphi)$ 分别代表 φ 的函数，如下所示：

$$\begin{cases} A(\theta) = \cos\theta + \theta\sin\theta \\ B(\theta) = \sin\theta - \theta\cos\theta \\ C(\varphi) = b\cos\varphi - h\sin\varphi \\ D(\varphi) = b\sin\varphi + h\cos\varphi \\ H(\varphi) = p\cos\varphi + t\sin\varphi \\ Q(\varphi) = p\sin\varphi - t\cos\varphi \\ T(\varphi) = ae^{m\varphi} \\ U(\varphi) = ue^{m\varphi} \end{cases} \tag{5-41}$$

把上面代表函数的大写字母式（5-41）代入左齿面方程式（5-40），则左齿面方程为：

$$\begin{cases} x(\varphi,\theta) = T(\varphi)[C(\varphi)\cdot A(\theta) + H(\varphi)\cdot B(\theta)] \\ y(\varphi,\theta) = T(\varphi)[D(\varphi)\cdot A(\theta) + Q(\varphi)\cdot B(\theta)] \\ z(\varphi,\theta) = -T(\varphi)[q\cdot A(\theta) + w\cdot B(\theta)] + U(\varphi) \end{cases} \tag{5-42}$$

对式（5-41）中的各项求导数及数学运算，得以下各式：

$$\begin{aligned} &A'_\theta = \theta\cos\theta \\ &A''_\theta = \cos\theta - \theta\sin\theta \\ &B'_\theta = \theta\sin\theta \\ &B''_\theta = \sin\theta + \theta\cos\theta \\ &AA' + BB' = \theta \\ &A'^2 + B'^2 = \theta^2 \\ &A'B - AB' = -\theta^2 \\ &AB' - A'B = \theta^2 \\ &A''B' - A'B'' = -\theta^2 \\ &C'_\varphi = -D \\ &D'_\varphi = C \\ &D^2 + C^2 = b^2 + h^2 = d \\ &H'_\varphi = -Q \\ &Q'_\varphi = H \\ &Q^2 + H^2 = p^2 + t^2 = e \\ &HD - QC = tb + ph = g \\ &DQ + HC = bp - th = v \\ &d + q^2 = 1 \end{aligned}$$

$$e+w^2=1$$
$$v+qw=0$$
$$qr-wv=q$$
$$wd-qv=w$$
$$T'_\varphi=mT$$
$$T''_\varphi=m^2T$$
$$U'_\varphi=mU$$
$$U''_\varphi=m^2U$$

式（5－42）的左齿面的矢量方程可写为：

$$\boldsymbol{r}(\varphi,\theta)=\{x(\varphi,\theta),y(\varphi,\theta),z(\varphi,\theta)\} \tag{5-43}$$

对式（5－42）中的 $x\ (\varphi,\ \theta)$、$y\ (\varphi,\ \theta)$、$z\ (\varphi,\ \theta)$ 分别对 φ 求偏导数，则：

$$\begin{cases} x_\varphi(\varphi,\theta)=T[(mC-D)A+(mH-Q)B] \\ y_\varphi(\varphi,\theta)=T[(mD+C)A+(mQ+H)B] \\ z_\varphi(\varphi,\theta)=-mT(qA+wB)+mU \end{cases} \tag{5-44}$$

所以左齿面矢量方程对 φ 的偏导数为：

$$\boldsymbol{r}_\varphi(\varphi,\ \theta)=\{x_\varphi(\varphi,\ \theta),\ y_\varphi(\varphi,\ \theta),\ z_\varphi(\varphi,\ \theta)\} \tag{5-45}$$

对式（5－42）中的 $x\ (\varphi,\ \theta)$、$y\ (\varphi,\ \theta)$、$z\ (\varphi,\ \theta)$ 分别对 θ 求偏导数，则：

$$\begin{cases} x_\theta(\varphi,\ \theta)=T[CA'+HB'] \\ y_\theta(\varphi,\ \theta)=T[DA'+QB'] \\ z_\theta(\varphi,\ \theta)=-T(qA'+wB') \end{cases} \tag{5-46}$$

所以左齿面矢量方程对 θ 的偏导数为：

$$\boldsymbol{r}_\theta(\varphi,\ \theta)=\{x_\theta(\varphi,\ \theta),\ y_\theta(\varphi,\ \theta),\ z_\theta(\varphi,\ \theta)\} \tag{5-47}$$

对式（5－44）中的 $x_\varphi\ (\varphi,\ \theta)$、$y_\varphi\ (\varphi,\ \theta)$、$z_\varphi\ (\varphi,\ \theta)$ 分别对 φ 求偏导数，则：

$$\begin{cases} x_{\varphi\varphi}(\varphi,\ \theta)=T[(m^2C-2mD-C)A+(m^2H-2mQ-H)B] \\ y_{\varphi\varphi}(\varphi,\ \theta)=T[(m^2D+2mC-D)A+(m^2Q+2mH-Q)B] \\ z_{\varphi\varphi}(\varphi,\ \theta)=-m^2T(qA+wB)+m^2U \end{cases} \tag{5-48}$$

所以左齿面矢量方程对 φ 的二次偏导数为：

$$\boldsymbol{r}_{\varphi\varphi}(\varphi,\ \theta)=\{x_{\varphi\varphi}(\varphi,\ \theta),\ y_{\varphi\varphi}(\varphi,\ \theta),\ z_{\varphi\varphi}(\varphi,\ \theta)\} \tag{5-49}$$

对式（5－46）中的 $x_\theta\ (\varphi,\ \theta)$、$y_\theta\ (\varphi,\ \theta)$、$z_\theta\ (\varphi,\ \theta)$ 分别对 θ 求偏导数，则：

$$\begin{cases} x_{\theta\theta}(\varphi,\ \theta)=T[CA''+HB''] \\ y_{\theta\theta}(\varphi,\ \theta)=T[DA''+QB''] \\ z_{\theta\theta}(\varphi,\ \theta)=-T(qA''+wB'') \end{cases} \tag{5-50}$$

所以左齿面矢量方程对 θ 的二次偏导数为：

$$\boldsymbol{r}_{\theta\theta}(\varphi,\theta)=\{x_{\theta\theta}(\varphi,\theta),y_{\theta\theta}(\varphi,\theta),z_{\theta\theta}(\varphi,\theta)\} \tag{5-51}$$

对式（5－44）中的 $x_\varphi\ (\varphi,\ \theta)$、$y_\varphi\ (\varphi,\ \theta)$、$z_\varphi\ (\varphi,\ \theta)$ 分别对 θ 求偏导数，则：

$$\begin{cases} x_{\varphi\theta}(\varphi,\theta) = T[(mC-D)A' + (mH-Q)B'] \\ y_{\varphi\theta}(\varphi,\theta) = T[(mD+C)A' + (mQ+H)B'] \\ z_{\varphi\theta}(\varphi,\theta) = -mT(qA' + wB') \end{cases} \tag{5-52}$$

所以左齿面矢量方程对 $\varphi\theta$ 的二次偏导数为：

$$\boldsymbol{r}_{\varphi\theta}(\varphi,\ \theta) = \{x_{\varphi\theta}(\varphi,\ \theta),\ y_{\varphi\theta}(\varphi,\ \theta),\ z_{\varphi\theta}(\varphi,\ \theta)\} \tag{5-53}$$

由第一基本齐式可知：

$$E = \boldsymbol{r}_\varphi^2$$

$$= (m^2+d)\ T^2A^2 + 2vT^2AB + (m^2+r)\ T^2B^2 - 2m^2TU\ (qA+wB)\ + m^2U^2 \tag{5-54}$$

$$F = \boldsymbol{r}_\varphi \cdot \boldsymbol{r}_\theta$$

$$= mT^2\theta - gT^2\theta^2 - mqTUA' - mwTUB' \tag{5-55}$$

$$G = \boldsymbol{r}_\theta^2$$

$$= T^2\theta^2 \tag{5-56}$$

又由第一基本齐式的判别式大于零和拉格朗日恒等式可得：

$$EG - F^2 = \boldsymbol{r}_\varphi^2\boldsymbol{r}_\theta^2 - (\boldsymbol{r}_\varphi \cdot \boldsymbol{r}_\theta)^2 = (\boldsymbol{r}_\varphi \times \boldsymbol{r}_\theta)^2 > 0$$

由两矢积性质可知：

$$|\boldsymbol{r}_\varphi \times \boldsymbol{r}_\theta| = \sqrt{EG - F^2}$$

$$= \sqrt{\begin{matrix}(m^2-g^2)T^4\theta^4 + T^4(dA^2+rB^2)\theta^2 + 2vT^4AB\theta^2 \\ -2m^2T^3U(qA+wB)\theta^2 + m^2T^2U^2\theta^2 + 2m^2T^3U(qA'+wB')\theta \\ +2mgT^4\theta^3 - 2mgT^3U(qA'+wB')\theta^2 - m^2T^2U^2(qA'+wB')^2\end{matrix}} \tag{5-57}$$

曲面Σ的幺法矢为：

$$\boldsymbol{n} = \frac{\boldsymbol{r}_\varphi \times \boldsymbol{r}_\theta}{|\boldsymbol{r}_\varphi \times \boldsymbol{r}_\theta|} = \frac{\boldsymbol{r}_\varphi \times \boldsymbol{r}_\theta}{\sqrt{EG-F^2}}$$

由第二基本齐式可知：

$$L = \boldsymbol{n} \cdot \boldsymbol{r}_{\varphi\varphi}$$

$$= [m^2T^2U(dAA' + rBB') + T^3(2vAB + rB^2 + dA^2)(qA' + wB') + mgT^3(qA+wB)\theta^2 + m^2T^3(wA-qB)\theta^2 + mv^2T^2U(A'B + AB') - mgT^2U\theta^2]/\sqrt{EG-F^2} \tag{5-58}$$

$$M = \boldsymbol{n} \cdot \boldsymbol{r}_{\varphi\theta}$$

$$= [T^2U(mdA'^2 + 2mvA'B' + mrB'^2) - (qg - mw)T^3A'\theta^2 - (wg + mq)B'\theta^2]/\sqrt{EG-F^2} \tag{5-59}$$

$$N = \boldsymbol{n} \cdot \boldsymbol{r}_{\theta\theta}$$

$$= [(wd - qv)T^3A\theta^2 + (wv - qr)T^3B\theta^2 - mgT^2U\theta^2]/\sqrt{EG-F^2} \tag{5-60}$$

曲面的法曲率公式为：

$$k_n = \frac{\mathrm{L}\mathrm{d}\varphi^2 + 2M\mathrm{d}\varphi\mathrm{d}\theta + \mathrm{N}\mathrm{d}\theta^2}{\mathrm{E}\mathrm{d}\varphi^2 + 2F\mathrm{d}\varphi\mathrm{d}\theta + G\mathrm{d}\theta^2} \tag{5-61}$$

把式（5-54）~式（5-56）、式（5-58）~式（5-60）代入式（5-61）中可求

得曲面上一点的法曲率。

5.3.2 齿面的主曲率和主方向

法曲率公式又可写成

$$(k_nE-L)\,\mathrm{d}\varphi^2+2\,(k_nF-M)\,\mathrm{d}\varphi\mathrm{d}\theta+\,(k_nG-N)\,\mathrm{d}\theta^2=0 \tag{5-62}$$

假设在曲面Σ上取任意一个固定点P，并在P处取任意一个切线方向$\frac{\mathrm{d}\varphi}{\mathrm{d}\theta}$，并令$\frac{\mathrm{d}\varphi}{\mathrm{d}\theta}=\mu$。将式（5-62）两边同除以$\mathrm{d}\theta^2$后可以写成

$$(k_nE-L)\mu^2+2(k_nF-M)\mu+(k_nG-N)=0 \tag{5-63}$$

式（5-63）表明了法曲率和所对应方向的关系，另外可知k_n是μ的函数。将式(5-63)对μ求导，得到

$$2[(k_nE-L)\mu+(k_nF-M)]+(E\mu^2+2F\mu+G)\frac{\mathrm{d}k_n}{\mathrm{d}\mu}=0 \tag{5-64}$$

为求法曲率k_n的极值，由高等数学中函数的极值定理1可知，$\frac{\mathrm{d}k_n}{\mathrm{d}\mu}=0$，故有

$$(k_nE-L)\mu+(k_nF-M)=0 \tag{5-65}$$

式（5-63）又可写成

$$[(k_nE-L)\mu+2(k_nF-M)]\mu+[(k_nF-M)\mu+(k_nG-N)]=0 \tag{5-66}$$

将式（5-65）代入式（5-66）得

$$(k_nF-M)\mu+(k_nG-N)=0 \tag{5-67}$$

式（5-65）和式（5-67）表示法曲率的极值与其对应方向的关系，即主曲率和主方向的关系。将$\mu=\frac{\mathrm{d}\varphi}{\mathrm{d}\theta}$代入式（5-65）和式（5-67）中，这两关系式就可写成：

$$\begin{cases}(k_nE-L)\dfrac{\mathrm{d}\varphi}{\mathrm{d}\theta}+(k_nF-M)=0\\[2ex](k_nF-M)\dfrac{\mathrm{d}\varphi}{\mathrm{d}\theta}+(k_nG-N)=0\end{cases} \tag{5-68}$$

从式（5-68）消去$\frac{\mathrm{d}\varphi}{\mathrm{d}\theta}$就得到主曲率的方程，由线性代数解方程组（5-68）有非零解，则可得：

$$\begin{vmatrix}k_nE-L & k_nF-M\\ k_nF-M & k_nG-N\end{vmatrix}=0 \tag{5-69}$$

化简式（5-69）得

$$(EG-F^2)k_n^2-(EN-2FM+GL)k_n+(LN-M^2)=0 \tag{5-70}$$

主曲率公式（5-70）的判别式为：

$$\Delta=\left[(EN-GL)-\frac{2F}{E}(EM-FL)\right]^2+\frac{4(EG-F^2)}{E^2}(EM-FL)^2 \tag{5-71}$$

因为$EG-F^2>0$，所以$\Delta>0$，则主曲率的公式（5-70）必然有两个不同的实根，即

曲面Σ上任意一点都有两个不相等的主曲率。由二次方程求根公式可知：

$$k_1 + k_2 = 2H = \frac{EN - 2FM + GL}{EG - F^2} \tag{5-72}$$

$$k_1 k_2 = K = \frac{LN - M^2}{EG - F^2} \tag{5-73}$$

式中，$H = \frac{1}{2}(k_1 + k_2)$ 称为曲面的平均曲率；$K = k_1 k_2$ 称为曲面的 Gauss 曲率。把平均曲率 H 和 Gauss 曲率 K 代入主曲率公式（5－70），得

$$k_n^2 - 2Hk_n + K = 0 \tag{5-74}$$

对式（5－74）求解，得两主曲率：

$$k_1 = H + \sqrt{H^2 - K} \tag{5-75}$$

$$k_2 = H - \sqrt{H^2 - K} \tag{5-76}$$

把式（5－54）、式（5－55）、式（5－56）、式（5－58）、式（5－59）、式（5－60）以及式（5－72）、式（5－73）代入到式（5－75）、式（5－76）中，可求得主曲率 k_1 和 k_2。

把 k_1 代入式（5－62）中求出主曲率 k_1 对应的两主方向：

$$\eta_1 = \frac{k_1 F - M}{k_1 E - L} \pm \sqrt{\left(\frac{k_1 F - M}{k_1 E - L}\right)^2 - (k_1 G - N)} \tag{5-77}$$

把 k_2 代入式（5－62）中求出主曲率 k_2 对应的两主方向：

$$\eta_2 = \frac{k_2 F - M}{k_2 E - L} \pm \sqrt{\left(\frac{k_2 F - M}{k_2 E - L}\right)^2 - (k_2 G - N)} \tag{5-78}$$

把式（5－54）、式（5－55）、式（5－56）、式（5－58）、式（5－59）、式（5－60）以及式（5－75）、式（5－76）代入到式（5－77）、式（5－78）中，可求得主曲率 k_1 和 k_2 对应的主方向。

5.3.3　齿面的短程曲率和短程挠率

圆锥对数螺旋线是齿面上的曲线 $\boldsymbol{r} = \boldsymbol{r}(\varphi)$，其曲率公式为：

$$k = \frac{|\boldsymbol{r}' \times \boldsymbol{r}''|}{|\boldsymbol{r}'|^3} \tag{5-79}$$

其中：

$$\boldsymbol{r}' = b\mathrm{e}^{m\varphi}[\sin\alpha(m\cos\varphi - \sin\varphi)\boldsymbol{i} + \sin\alpha(m\sin\varphi + \cos\varphi)\boldsymbol{j} + m\cos\alpha\boldsymbol{k}]$$

$$\boldsymbol{r}'' = b\mathrm{e}^{m\varphi}[\sin\alpha(m^2\cos\varphi - 2m\sin\varphi - \cos\varphi)\boldsymbol{i} + \sin\alpha(m^2\sin\varphi + 2m\cos\varphi - \sin\varphi)\boldsymbol{j} + m\cos\alpha\boldsymbol{k}]$$

$$|\boldsymbol{r}'|^3 = b^3\mathrm{e}^{3m\varphi}(m^2 + \sin^2\alpha)^{\frac{3}{2}} \tag{5-80}$$

$$|\boldsymbol{r}' \times \boldsymbol{r}''| = b^2\mathrm{e}^{2m\varphi}\sin\alpha\sqrt{(m^2+1)(m^2+\sin^2\alpha)} \tag{5-81}$$

将式（5－80）和式（5－81）代入式（5－79）可求得齿面上圆锥对数螺旋线的曲率。

由曲线曲率 k 与短程曲率 k_{g}、法曲率 k_{n} 的关系式：

$$k_{\mathrm{g}}^2 + k_{\mathrm{n}}^2 = k \tag{5-82}$$

将式（5-61）和式（5-79）代入式（5-82）可求出短程曲率 k_g。

在曲面上一点，对沿任意方向的法曲率 k_n 和主曲率的关系式，即欧拉公式：

$$k_n = k_1 \cos^2\varphi + k_2 \sin^2\varphi \tag{5-83}$$

短程挠率 τ_g 和主曲率的关系式，即贝特朗公式：

$$\tau_g = (k_2 - k_1)\sin\varphi\cos\varphi \tag{5-84}$$

将式（5-83）和式（5-84）依次化简成：

$$k_n = H + R\cos 2\varphi \tag{5-85}$$

$$\tau_g = -R\sin 2\varphi \tag{5-86}$$

式中，$H = \frac{1}{2}(k_1 + k_2)$ 称为曲面的平均曲率；$R = \frac{1}{2}(k_1 - k_2)$。

由式（5-85）和式（5-86）消去 φ，就得到：

$$(k_n - H)^2 + \tau_g^2 = R^2 \tag{5-87}$$

简化式（5-87），可得：

$$(k_1 - k_n)(k_n - k_2) = \tau_g^2 \tag{5-88}$$

将式（5-61）、式（5-75）和式（5-76）代入式（5-88）可求得短程挠率 τ_g。

5.4 对数螺旋锥齿轮的啮合仿真分析

齿轮在现代动力传动装置中起着重要的作用，齿轮副传动作为一种传统的传递运动和动力的形式，在现代的工业中仍然被广泛应用。齿轮副在连续啮合过程中的受载接触性能、齿面接触应力和齿根弯曲应力是非常重要的指标，对齿轮使用的寿命和可靠性有重要影响。在齿轮传动过程中，轮齿的接触位置和接触区域的大小都是在发生变化的，齿轮啮合是一个高度边界条件非线性的复杂问题。有限元法在分析齿轮啮合过程中接触性能方面有独特的优点，能处理复杂的结构形状、边界条件、载荷工况等问题，可以考虑在有传动误差和齿面摩擦存在的情况下进行应力分析，能够较准确地模拟实际工况，得到精确的计算结果。

5.4.1 对数螺旋锥齿轮模型进行前处理

5.4.1.1 有限元分析实体模型的建立

对数螺旋锥齿轮的具体尺寸如表 5-1 所示。

表 5-1 对数螺旋锥齿轮尺寸表

参数名称	参数符号	参数值
齿数	Z	$Z_1 = 15$，$Z_2 = 28$
节锥角	δ	$\delta_1 = 28°11'$，$\delta_2 = 61°49'$
大端模数	m	$m = 6$
齿形角	α	$\alpha = 20°$
传动比	i	$i = 1.87$
螺旋角	β	$\beta = 39°52'$

前面已经用Pro/E创建好了对数螺旋锥齿轮的啮合模型，应用ANSYS和CAD软件—Pro/E的数据接口，可将在CAD系统下创建的模型精确地转入到ANSYS中，并对其进行操作。通过使用ANSYS—Pro/E转换接口，设置ANSYS软件中的接口模块“CAD Configuration Manager”可以实现两大软件的无缝连接，可将模型直接准确地导入到ANSYS界面，从而完成实体模型的创建，如图5－19所示。

为了建立合理的有限元接触分析模型，首先需要确定模型的啮合齿对数。理论上讲，将主、从动轮进行全齿网格划分在几何结构上是最为完整的，但这样网格规模将非常巨大，不利于求解计算。实际上，根据对数螺旋锥齿轮啮合的重合度，该种齿轮可以达到的啮合齿对数为两到三对。为了节省ANSYS的计算时间，通过布尔运算对齿轮进行切割，只留啮合齿对，如图5－20～图5－22所示。

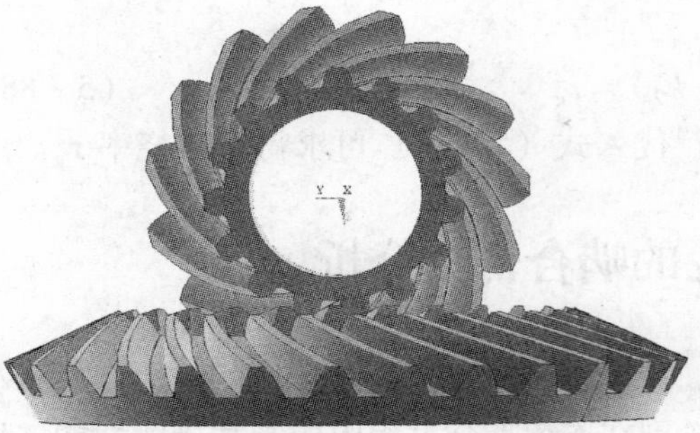

图5－19　实体啮合模型

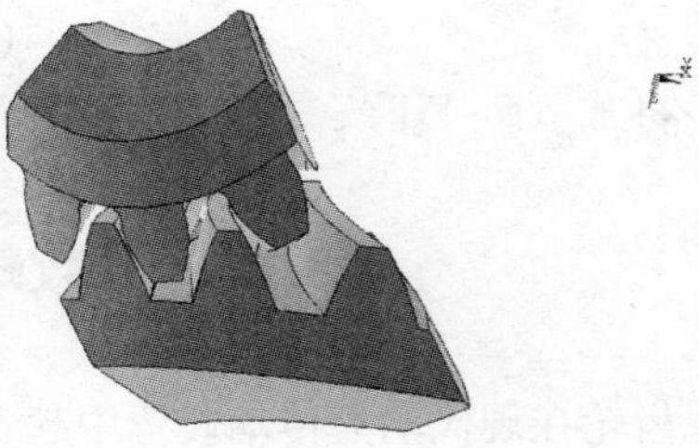

图5－20　三对齿啮合模型

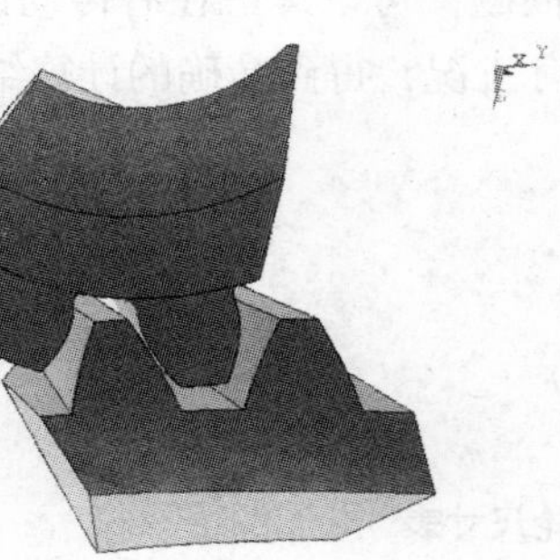

图5－21　两对齿啮合模型

图5－22　一对齿啮合模型

5.4.1.2　选择单元类型

对数螺旋锥齿轮的轮齿齿面是形状较为复杂的曲面，为了使齿轮有限元模型能够较真实准确地模拟实际情况，同时也为了提高有限元计算的精确程度，对读入ANSYS/LS－

DYNA 的齿轮副接触实体模型，选用 SOLID164 和 SHELL163 单元。

SOLID164 是用于三维的显式结构实体单元，由 8 节点构成，该单元没有实常数。它能节省机时并在大变形条件下增加可靠性，齿轮的轮齿部分定义为 SOLID164 单元，如图 5 – 23 所示。

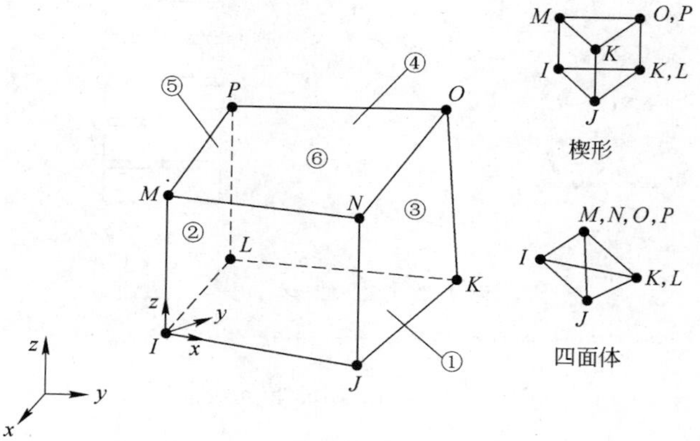

图 5 – 23 SOLID164 实体单元几何特性

SHELL163 薄壳单元是 4 节点四边形单元或 3 节点三角形单元。单元在每个节点上有 12 个自由度：在节点 x、y 和 z 方向的平动、加速度、速度和绕 x、y 和 z 轴的转动。该单元支持显式动力学分析所有非线性特性。定义齿轮内圈表面为 SHELL163 单元，并定义为刚性体，就可以进行施加转速和转矩的负载操作，以进行动力学仿真接触分析。用刚性体定义有限元模型中的刚硬部分，可以大大减小显式分析的计算时间。这是因为定义一个刚性体后，刚性体内所有节点的自由度都耦合到刚性体的质量中心上去。这样，不管定义了多少个节点，刚性体只有 6 个自由度。每个刚性体的质量、质心和惯性由刚性体体积和单元密度计算得到。作用在刚性体上的力和力矩由每个时间步的节点力和力矩合成，然后计算刚性体的运动，再转换到节点位移，如图 5 – 24 所示。

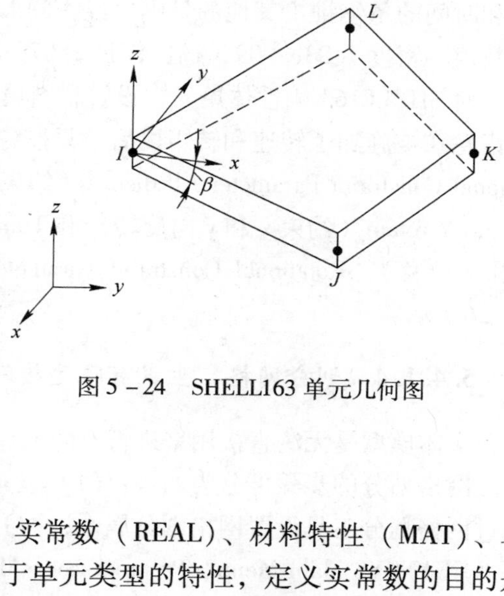

图 5 – 24 SHELL163 单元几何图

5.4.1.3 设置实常数、材料属性

一个单元的属性包括：单元类型（TYPE）、实常数（REAL）、材料特性（MAT）、单元坐标系（ESYS）等。单元实常数的确定依赖于单元类型的特性，定义实常数的目的是补充必要几何信息和计算参数。SOLID164 实体单元不需要设置实常数，采用缺省算法。对 SHELL163 单元，单元为均匀厚度，设置节点 1 处的壳厚为 0.1，其他节点就会默认为相同的值。NIP 是通过单元厚度的积分点数值，如果 NIP 输入值为 0 或空，ANSYS 会默认积分值为 2。SHRF 是剪切因数，推荐值为 5/6。T1 ~ T4 是四个节点中每个节点处的壳厚

度，如图 5 – 25 所示。

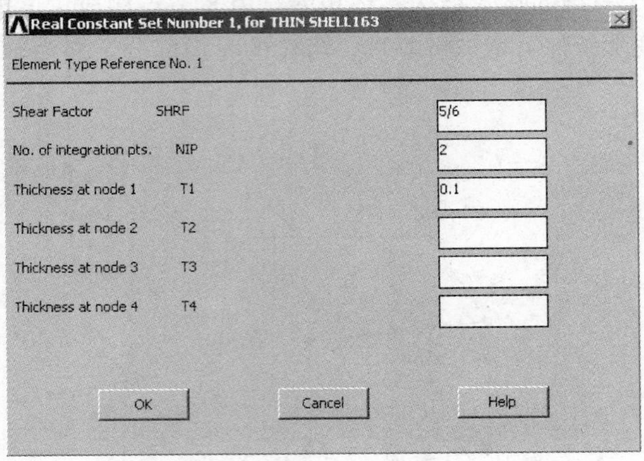

图 5 – 25 SHELL163 单元实常数

对于材料属性，在 ANSYS/LS – DYNA 中必须向程序提供统一单位制的数据，否则将不能得到正确的分析结果。该软件并没有为分析指定系统单位，在分析中，可以使用任何一套自封闭的单位制（所谓自封闭是指这些单位量纲之间可以互相推导得出），只要保证输入的所有数据的单位都是正在使用的同一套单位制里的单位即可。

在 Pro/E 中使用的单位制为 mmns，即毫米 – 牛顿 – 秒，在 ANSYS/LS – DYNA 中使用同一套单位制：mm – N – s。由于所有的单位基本上都与长度和力有关，因此可由长度、力和时间的量纲推出其他的量纲。经查阅 LS – DYNA 软件的协调单位表，通过运算得到以下数值：密度 7. 83e – 09，杨氏模量 2. 07e + 05，泊松比 0. 3。

对 SHELL163 刚性体单元，设置材料属性时需要设置其平移和旋转约束参数。将来两个齿轮在被施加了转速和转矩以后，只按各自的轴线方向旋转。对两个齿轮分别选 Translational Constraint Parameter All disps.（约束 x，y 和 z 位移），Rotational Constraint Parameter X and Y rotate（约束 x 和 y 向旋转）和 Translational Constraint Parameter All disps.（约束 x，y 和 z 位移），Rotational Constraint Parameter Y and Z rotate（约束 y 和 z 向旋转），如图 5 – 26所示。

5. 4. 1. 4 划分网格，生成有限元接触模型

实体模型是无法直接用来进行有限元计算的，需要对它进行网格划分以生成有限元模型。网格划分的步骤可分为四步：（1）设置单元属性；（2）实体模型分配单元属性；（3）通过网格划分工具设置网格划分属性；（4）对实体模型进行网格划分。

用 ANSYS Main Menu > Preprocessor > Mesh Tool 命令，生成的有限元模型如图 5 – 27 所示。

5. 4. 1. 5 定义 PART

在 ANSYS/LS – DYNA 中许多命令都是与组件 PART 号直接相关，如定义接触界面、

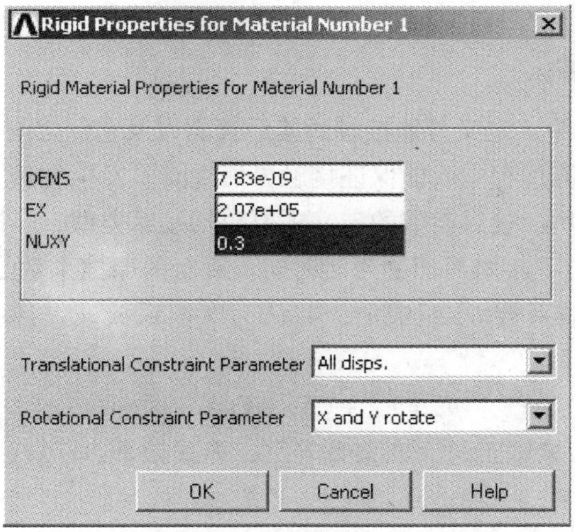

图 5－26　材料属性

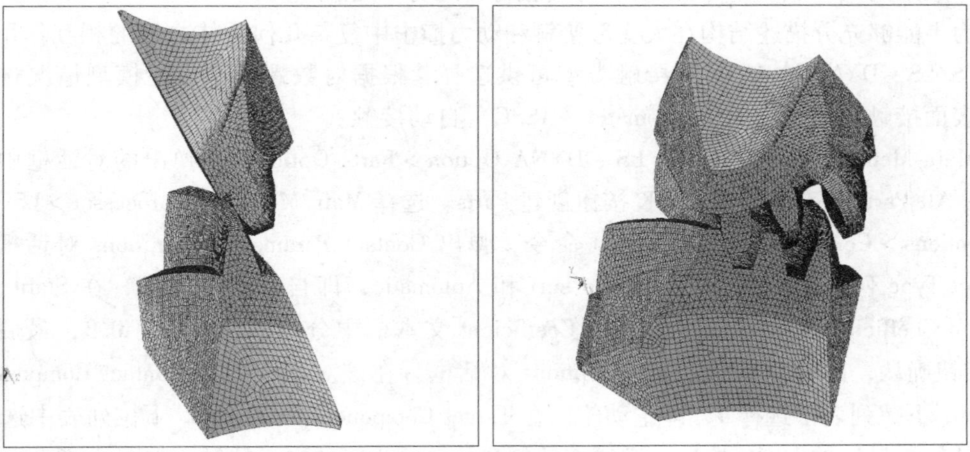

图 5－27　有限元接触模型

加载等。组件 PART 是一个具有唯一单元类型号、实常数号和材料号组成的集合。从根本上讲，PART 的定义是通过材料、单元属性和单元类型的标识号来区别的。在 ANSYS/LS－DYNA 中可以定义一个组件 PART，也可以定义多个组件 PART。

应用 ANSYS Main Menu > Preprocessor > LS－DYNA Options > Parts Options 命令，生成 4 个 PART 如表 5－2 所示。

表 5－2　创建的 PART

PART	MAT	TYPE	REAL	USED
1	1	1	1	389
2	2	1	1	482
3	3	2	1	75400
4	4	2	1	61010

5.4.1.6 定义接触

在 LS-DYNA 程序中，定义可能接触的接触表面以及它们之间的接触类型，设置相关的摩擦系数，在程序计算过程中就能保证接触界面之间不发生穿透，并且在接触界面相对运动时考虑摩擦力的作用。接触参数的定义主要包括接触类型、摩擦系数、附加输入（它因接触类型不同而各异）、接触界面的死活时间。接触的摩擦系数是由静摩擦系数 F_S、动摩擦系数 F_D 和指数衰减系数 D_c 组成的，并认为摩擦系数 μ_c 与接触表面的相对速度 v_{rel} 有关：

$$\mu_c = F_D + (F_S - F_D)e^{-D_c v_{rel}}$$

可以用黏性系数 V_c 来限定最大摩擦力 F_{max}，算式如下：

$$F_{max} = V_c A_{cont}$$

式中 A_{cont}——接触时接触片的面积。

一般采用 $V_c = \sigma_0/\sqrt{3}$（其中 σ_0 为接触材料的剪切屈服应力）。

为了能够充分描述结构在大变形接触和动力撞击中复杂几何物体之间的相互作用，在 ANSYS/LS-DYNA 中有18种接触类型可供选择。根据对数螺旋锥齿轮模型情况选用表面-表面接触（STS）中的 Automatic（ASSC）自动接触。

Main Menu > Preprocessor > LS-DYNA Option > Parts Option，在弹出的对话框中选择 Create All Parts 项，然后单击 OK 按钮创建 Parts。选择 Main Menu > Preprocessor > LS-DYNA Options > Contact > Define Contact 命令，弹出 Contact Parameter Definitions 对话框，在 Contact Type 列表框中选择 Surface to surf 和 Automatic，即自动接触类型，在 Static Fritic Friction Coefficient 和 Dynamic Friction Coefficient 文本框中分别输入0.45、0.3，最后单击 OK 按钮确认，此时会弹出 Contact Options 对话框。在该对话框中的 Contact Component or Part no. 下拉列表中选择4，即主动轮，在 Target Component or Part no. 下拉列表中选择3，即从动轮，最后单击 OK 按钮，完成主动轮和从动轮之间的定义接触，如图5-28所示。

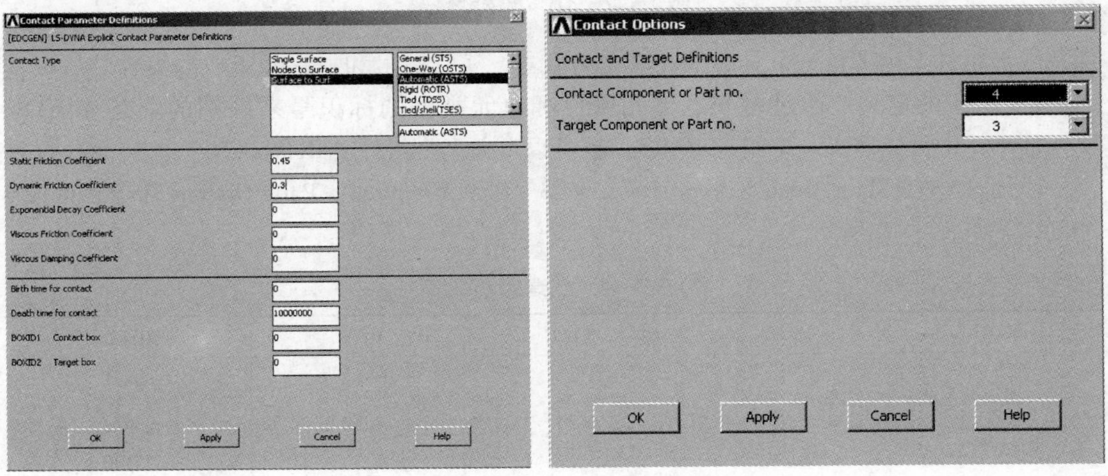

图5-28 定义接触

5.4.1.7 创建局部坐标系

分别在两齿轮顶锥顶点定义两个局部坐标系，因为对一对啮合齿轮进行接触分析，如果不定义局部坐标系，施加的约束和负载都是在全局坐标系中，刚性体绕其质心旋转，而不是绕坐标轴旋转，导致分析无法进行。应用 Main Menu > Preprocessor > LS - DYNA Options > Constraints > Apply > Local CS > Create Local CS 命令，通过输入 3 个点的坐标值来完成局部坐标系的创建。

5.4.1.8 施加约束

我们将要在两个齿轮的内圈（定义为刚性体）上施加边界条件，那要对其施加相关的约束条件，使得两个齿轮只按照各自的轴线方向做旋转，而不会发生 X、Y、Z 方向的平动以及其他两个方向上的转动。用 Main Menu > Preprocessor > LS - DYNA Options > Constraints > Apply > On Areas 命令完成，如图 5 - 29 所示。

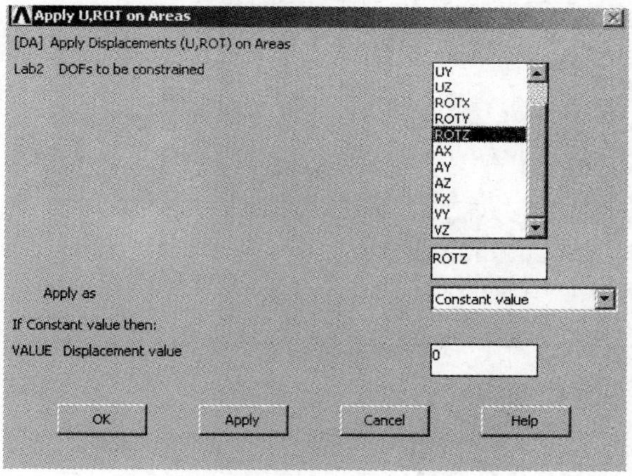

图 5 - 29 定义约束

5.4.2 仿真及结果分析

5.4.2.1 施加边界条件

通过对有限元模型施加合适的边界条件，可以模拟齿轮副的运动和传递的扭矩，同时保证计算的顺利进行，对主动轮施加一定的转速，对从动轮施加一定的阻力矩（相当于给从动轮施加一定的负载）。

（1）定义载荷数组。选择命令 Utility Menu > Parameters > Array Parameters > Define/Edit 命令，在弹出的 Array Parameters 对话框中单击 Add 按钮，随后将弹出 Add New Array Parameter 对话框，在 Parameter Name 文本框中输入 CTIME，在 Parameter type 一栏中选择 Array，在 No. of rows，cols，planes 文本框中依次输入 2、1、1，最后单击 Apply 按钮确认 CTIME 数组的定义。按照类似的操作完成 RBMZ（力矩）和 RBOX（转速）的定义。

然后选中 Array Parameters 对话框中 Currently Defined Array Parameters 列表中的 CTIME 项，并单击 Edit 按钮，在弹出的 Array Parameter CTIME 对话框中文本框输入 CTIME 的数值。然后选择该对话框中的 Fie > Apply > Quit 命令，即完成 CTIME 数组的赋值。采用类似的操作可以为 RBMZ 和 RBOX 数值赋值。

（2）施加载荷。选择 Main Menu > Preprocessor > LS – DYNA Options > Loading Options > Specify Loads 命令，弹出 Specify Loads for LS – DYNA Explicit 对话框，在 Load Options 下拉列表中选择 Add Loads，在 Load Labels 列表中选择 RBMZ，在 Component name or PART number 下拉列表中选择 1，在 Parameter name for time values 下拉列表中选择 CTIME，在 Parameter name for data values 下拉列表中选择 RBMZ，最后单击 OK 按钮完成载荷的施加操作。用同样的方法可以完成转速的定义，如图 5 – 30 所示。

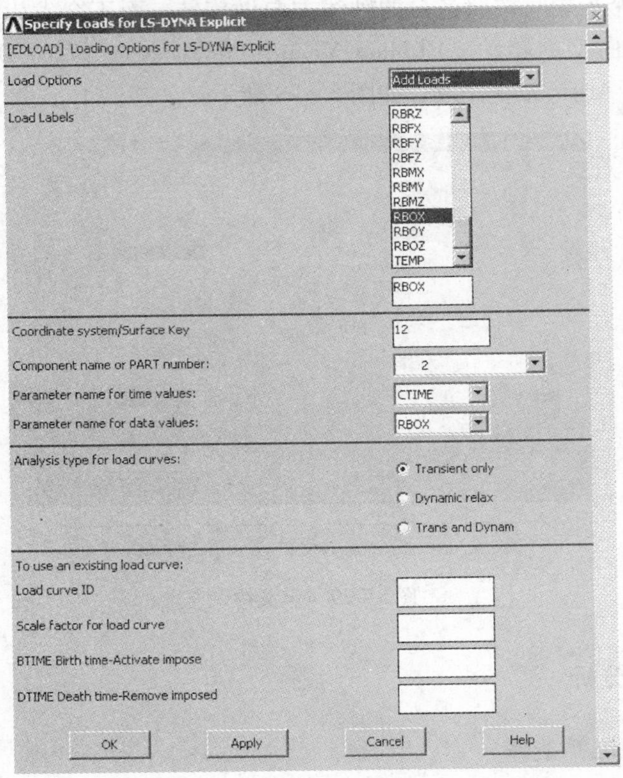

图 5 – 30　施加载荷

5.4.2.2　计算求解

（1）设置分析时间。执行 Main Menu > Solution > Time Controls > Solution Time 命令。

（2）设置结果文件输出类型。执行 Main Menu > Solution > Output Controls > Output File Types 命令，弹出 Specify Output File Types for LS – DYNA Solver 对话框，设置输出文件的格式为 LS – DYNA，然后单击 OK 按钮确认。

（3）设置结果文件输出步数。选择 Main Menu > Solution > Output Controls > File Output

Freq > Number of Steps 命令，弹出 Specify File Output Frequency 对话框，输入二进制结果文件输出步数为 200，时间历程文件输出步数为 1000，单击确认按钮。

（4）能量控制。选择 Main Menu > Solution > Analysis Options > Energy Options 命令，弹出 Energy Options 对话框，激活 Stonewall Energy、Hourglass Energy 和 Sliding Interface、Rayliegh Energy 单选项，并单击 OK 按钮确认。

（5）计算内存大小控制。选择 Main Menu > Solution > Analysis Options > Restart Options 命令，弹出 Restart Options for LS – DYNA Explicit 对话框，在 words of memory requested 文本框中输入 100000000，并单击 OK 按钮确认。

（6）执行 Main Menu > Solution > Solve 命令。

5.4.2.3 仿真结果分析

（1）对一对齿啮合模型施加负载、求解。对主动轮施加 500r/min 的转速，从动轮施加 460N · m 的阻力转矩，确定计算时间为 0.0002s。结果输出文件 .rst 的输出步数一般为 1000 ~ 10000 步，采用缺省 1000 步。执行 SOLVE 命令。计算机历时 2158s，共 201 个增量步。

利用 LS – DYNA 后处理软件 LSPREPOSTED 动态显示齿轮副应力变化云图，提取各种历史变量，进行数据分析操作。得出啮合过程中主动轮和从动轮某时刻的应力云图，如图 5 – 31 和图 5 – 32 所示。

图 5 – 31 主动轮应力云图

（2）对三对齿啮合模型施加负载、求解。对主动轮施加 200r/min 的转速，从动轮施 460N · m 的转矩，取计算时间为 0.00006s。结果输出文件 .rst 的输出步数一般为 1000 ~ 10000 步，采用缺省 1000 步。执行 SOLVE 命令。计算机历时 37307s，共 201 个增量步。

得出啮合过程中某时刻的应力云图如图 5 – 33 所示。

在主动轮上选取位于接触齿面上的两个单元，如图 5 – 34 所示。

接触齿面上两个单元处的齿面接触等效应力值随时间的变化曲线图，如图 5 – 35 所示。

图 5 - 32　从动轮应力云图

图 5 - 33　综合应力云图

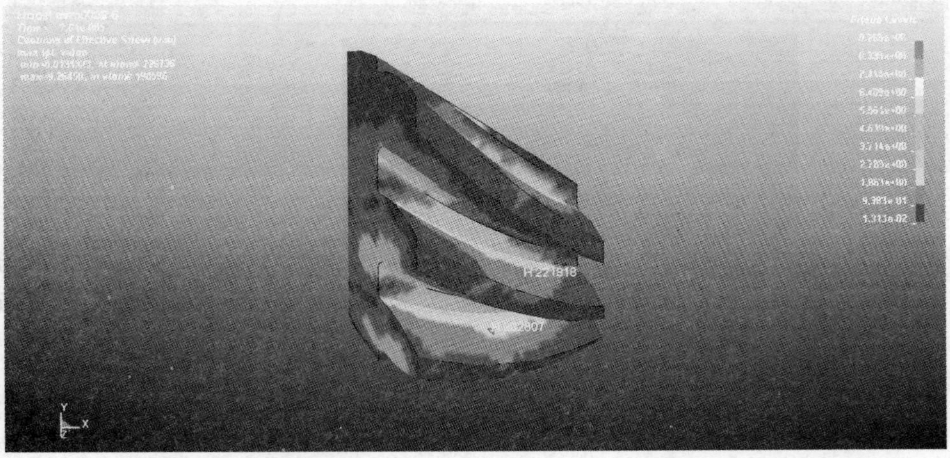

图 5 - 34　在主动轮接触面上选取的两个单元

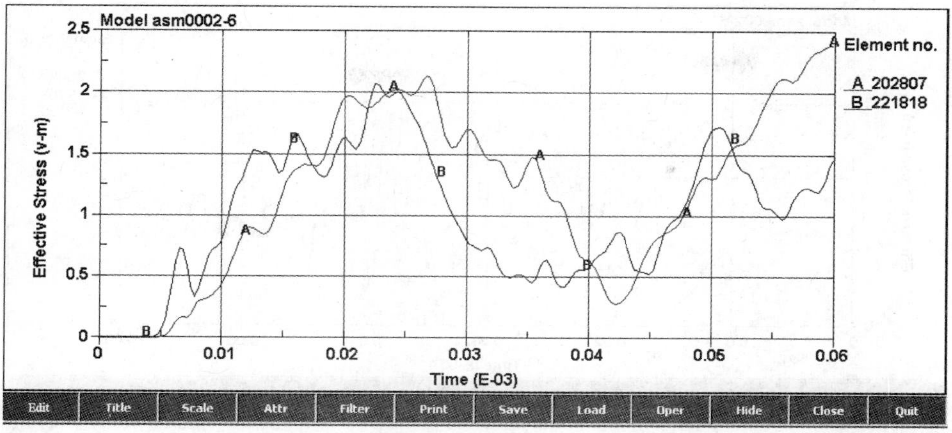

图 5－35　齿面接触应力随时间的变化曲线图

由图 5－35 可知，齿面接触应力最大值可达到 2.37MPa 左右。齿面接触应力值随时间的变化趋势接近于真实啮合状况，开始啮合区域，主动轮刚开始进入啮合区域，此时主要由前一个轮齿对承载载荷，因此应力较小。此外，随着齿轮的继续旋转，前一个轮齿对逐渐离开啮合区，所以当前轮齿承载的载荷将逐渐增大；齿对啮合区域，在该区域由于承载全部载荷，应力达到最大值；退出啮合区域，在该区域载荷逐渐分布在当前齿对和后一齿对上，且当前齿对最后完全退出，应力由大变小。仿真结果与实际情况是相吻合的。

在从动轮上选取位于齿根处的两个单元，如图 5－36 所示。

图 5－36　在从动轮齿根单元处选取的两个单元

齿根上两个单元处的齿根弯曲等效应力值随时间的变化曲线图，如图 5－37 所示。

其结果分析如下：

1）齿根弯曲应力最大值出现在单元 26484 处，数值可达到 3.7MPa 左右；齿根单元 26484 处的应力基本都要大于齿根 18408 单元处的应力，这与力学分析时所得到的拉应力要大于压应力保持一致。

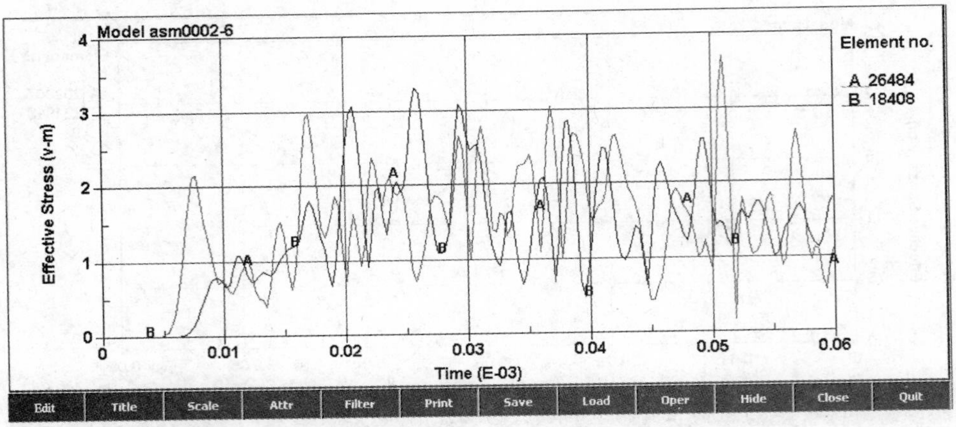

图 5-37 齿根弯曲应力随时间的变化曲线图

2）由图 5-37 可知，齿根弯曲应力随时间变化曲线的变化趋势接近于真实啮合状况，在极短的时间内，主动轮带动从动轮转动，齿轮啮合冲击比较严重；由于齿侧间隙的存在以及应力波在狭小空间内的频繁反射，从而导致了应力值出现了波动，这对齿轮的破坏是很严重的。

3）基于啮合过程的齿根弯曲应力分析接近于真实啮合状况，研究表明显示动力学软件 ANSYS/LS-DYNA 是一种新的十分有效的工具。

（3）对两对齿啮合模型进行大负载、高速的啮合运算。对主动轮施加 1800r/min 的转速，从动轮施加 600N·m 的转矩，取计算时间为 0.00006s。结果输出文件.rst 的输出步数一般为 1000～10000 步，采用缺省 1000 步。执行 SOLVE 命令。计算机历时约 2h，共 201 个增量步。如图 5-38～图 5-40 所示。

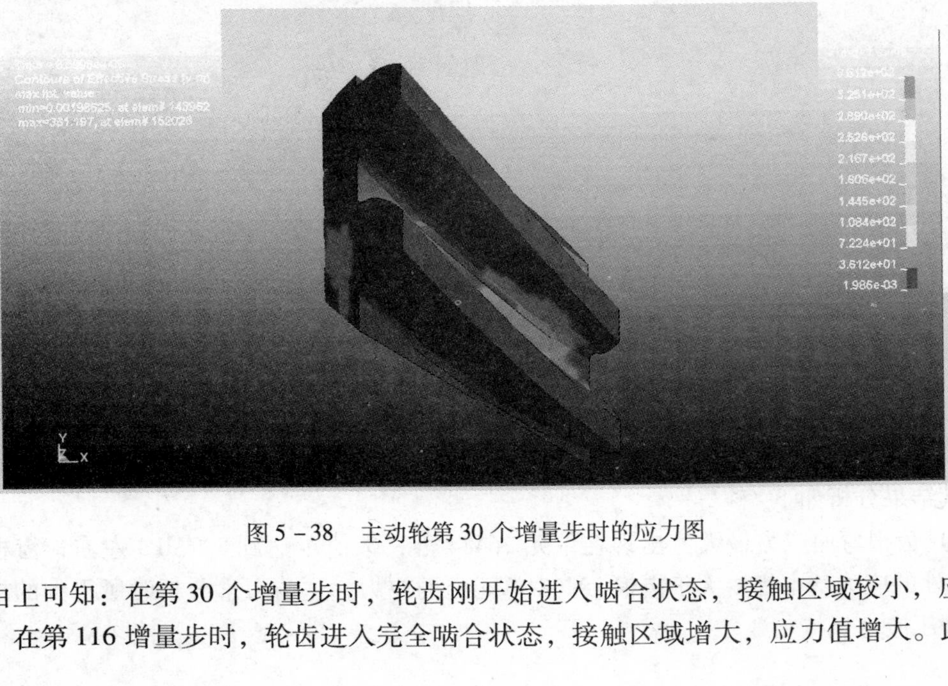

图 5-38 主动轮第 30 个增量步时的应力图

由上可知：在第 30 个增量步时，轮齿刚开始进入啮合状态，接触区域较小，应力值较小；在第 116 增量步时，轮齿进入完全啮合状态，接触区域增大，应力值增大。此时主

图 5－39 主动轮第 116 个增量步时的应力图

图 5－40 从动轮第 116 个增量步时的应力图

动轮的齿根处和从动轮的齿顶处均表现出较大的应力值。

高速和大载荷作用下，轮齿的啮合冲击比较大，应力相应增大，齿面接触应力和齿根弯曲应力会产生很大的波动，反映的是在高速啮合中齿轮副出现的接触、脱离、再接触的重复冲击，会造成齿轮的磨损和破坏。

5.5 对数螺旋锥齿轮的强度计算分析

齿轮在机械工业中占据着非常重要的地位，齿轮设计的优劣将决定整个机器的工作性能和使用寿命。众所周知，许多机器的寿命就是由其内部齿轮的寿命决定的。齿轮的损坏形式有轮齿折断、齿面疲劳破坏、齿面磨损等，各国学者都致力于齿轮强度性能的分析与研究。齿面的疲劳破坏是由齿面接触应力造成的，是一种很常见的失效形式。齿面接触应力是齿轮设计计算中一项重要的计算，在目前应用的大多数齿轮传动中，一般的设计准则为：按齿面接触疲劳强度设计，齿根弯曲疲劳强度校核。所以，齿根弯曲应力的正确计算在设计中是十分重要的。

接触强度设计是齿轮设计中重点考虑的环节，目前各国齿轮标准中强度计算普遍采用美国格里森公司的方法。格里森锥齿轮接触应力计算的基本公式与圆柱齿轮相近，采用圆柱体接触的赫兹公式作为基本形式，在载荷、尺寸、应力分布方面引入修正系数。赫兹理论是基于很多的假设，也有很大的局限性。近年来，随着齿轮啮合理论和制造技术的发展，计算机仿真技术及齿面的拓扑控制已被广泛应用来提高齿轮啮合质量，上述的经验公式已不能反映齿面啮合对接触应力的影响。

迄今为止，各种齿根应力计算标准均以悬臂梁公式为基础，这是 W. Lewis 自 1893 年开始采用的方法。悬臂梁公式对齿形作了矩形假设，该方法也有一定的局限性。

本书基于三维建模和有限元动力仿真软件，模拟了一对啮合齿轮在施加了转速、转矩的情况下，进行啮合传动运算，得到了各个时刻的主动轮和从动轮的应力状态分布，即得到了齿面接触应力和齿根弯曲应力的数值大小和应力分布规律。鉴于数值模拟的运算结果，应用 MATLAB 曲线拟合理论，编辑程序，试图研究两大应力与施加的转速、转矩以及齿轮的一些基本参量存在的函数关系。

应用有限元仿真软件，设定齿轮副传递的功率为 30kW，在传递的功率为恒定的情况下，变换工况条件转矩和转速，对齿轮进行啮合仿真分析。仿真分析了 15 组工况下的啮合传动运算结果，在同一个增量步，同一个位置单元处取得的应力值，如表 5－3 所示。

表 5－3　工况条件和应力值

工况条件		齿面接触应力/MPa	齿根弯曲应力/MPa
n/r · min^{-1}	T/N · m		
$n_1=510$	$T_1=1050$	11.600	8.377
$n_2=535$	$T_2=1002$	11.432	8.033
$n_3=564$	$T_3=950$	11.274	7.681
$n_4=593$	$T_4=904$	11.021	7.324
$n_5=630$	$T_5=850$	10.768	7.002
$n_6=667$	$T_6=803$	10.515	6.650
$n_7=713$	$T_7=751$	10.262	6.279
$n_8=766$	$T_8=699$	10.078	5.931
$n_9=824$	$T_9=650$	9.831	5.577
$n_{10}=890$	$T_{10}=602$	9.568	5.232
$n_{11}=972$	$T_{11}=551$	9.313	4.883
$n_{12}=1065$	$T_{12}=503$	9.102	4.529
$n_{13}=1185$	$T_{13}=452$	8.744	4.183
$n_{14}=1339$	$T_{14}=400$	8.491	3.832
$n_{15}=1526$	$T_{15}=351$	8.141	3.477

应用 MATLAB 曲线拟合理论，函数发现是找到或者“发现”可以被描述成一个特殊

数据集函数的过程。以下三种函数类型（线性、指数或者幂函数）经常可以用于描述数据。

函数发现的步骤：

（1）检查靠近原点的数据。指数函数永远不可能通过原点（除非 $b=0$ 的情况，否则这种情况并没有什么价值）；线性函数只有在 $b=0$ 时才通过原点，幂函数也只有在 $m>0$ 时才通过原点。

（2）使用直线比例尺绘制数据。如果它构成了一条直线，那么就可以使用线性函数加以表示，而用户的任务也完成了。否则，如果曲线在 $x=0$ 处有数据，那么：

1）如果 $y(0)=0$，那么尝试使用幂函数加以表示；

2）如果 $y(0)\neq 0$，那么尝试使用指数函数加以表示。

如果 $x=0$ 处并没有数据，那么进入步骤（3）。

（3）如果曲线被怀疑是一个幂函数，那么就使用双对数比例尺绘制数据，这是因为只有幂函数才能在双对数绘图上构成一条直线。如果曲线被怀疑是一个指数函数，那么就使用半对数比例尺绘制数据，这是因为只有指数函数才能在半对数绘图上构成一条直线。

（4）在函数发现的应用之中，只是使用双对数绘图和半对数绘图确定函数类型而不是找出系数 b 和 m，原因是用户很难在对数比例尺上进行插值。

可以使用 MATLAB 中的 polyfit 函数找出 b 和 m 值，这个函数找出一组可以最佳数据拟合（以所谓的最小二乘意义）的特定 n 阶多项式系数。

$p=$ polyfit（x，y，n）该函数的意义：用一个 n 阶多项式来拟合由矢量 x 和 y 描述的数据，其中，x 是自变量。函数返回一个长度为 $n+1$ 的行矢量 p，其中包含有以降幂顺序排列的多项式系数。

线性函数：$y=mx+b$。在这种情况下，多项式 $w=p_1z+p_2$ 中的变量 w 和 z 是原始数据变量 x 和 y，而用户则可以通过输入 $p=$ polyfit（x，y，1）找到数据拟合的线性函数。矢量 p 的第一个元素 p_1 将是 m；第二个元素 p_2 将是 b。

幂函数：$y=bx^m$。在这种情况下，

$$\log_{10}y=m\log_{10}x+\log_{10}b \tag{5-89}$$

上式具有以下形式：

$$w=p_1z+p_2$$

其中，多项式变量 w 和 z 与原始数据变量 x 和 y 有关，并有 $w=\log_{10}y$ 且 $z=\log_{10}x$。因此，用户可以通过输入 p = polyfit（log10（x），log10（y），1）找出数据拟合的幂函数。矢量 p 的第一个元素 p_1 将是 m；第二个元素 p_2 将是 $\log_{10}b$。因此，用户就可以从 $b=10^{p_2}$ 中得到 b。

指数函数：$y=b(10)^{mx}$。在这种情况下，

$$\log_{10}y=mx+\log_{10}b \tag{5-90}$$

上式具有以下形式：

$$w=p_1z+p_2$$

其中，多项式变量 w 和 z 与原始数据变量 x 和 y 有关，并有 $w=\log_{10}y$ 且 $z=x$。因此，

用户可以通过输入 p = polyfit（x，log10（y），1）找出数据拟合的指数函数。矢量 p 的第一个元素 p_1 将是 m；第二个元素 p_2 将是 $\log_{10}b$。因此，用户就可以从 $b=10^{p_2}$ 中得到 b。

5.5.1　齿面接触应力的计算方法

结合对数螺旋锥齿轮的基本参数，齿轮啮合过程中的有效齿宽 b，齿轮齿宽中点处的直径 d_m 都为已知参数，T 为转矩。作用在锥齿轮齿宽中点处分度圆上的切向力 F_{mt}，按下式计算：

$$F_{mt}=\frac{2000T}{d_m} \tag{5-91}$$

由经验可以知道，齿轮在啮合过程中接触应力与齿宽 b 和直径 d_m 负相关，与切向力 F_{mt} 正相关。由于其他的量都是定值（相当于常数），接触应力的大小是随着作用的转矩变化而变化的。结合数值模拟的结果，应用 MATLAB 曲线啮合理论，编辑程序，将 15 个数据点输入进去，研究存在怎样的函数关系。考虑初始状态，当转速和转矩都为 0 的时候，也就是不施加任何工况条件，齿轮不会发生运转，应力值都为 0。所以尝试幂函数加以表示，使用双对数比例尺绘制数据。

编辑程序：

```
>> torque = [351, 400, 452, 503, 551, 602, 650, 699, 751, 803, 850, 904, 950, 1002,
        1050];
>> stress = [8.141, 8.491, 8.744, 9.102, 9.313, 9.568, 9.831, 10.078, 10.262,
        10.515, 10.768, 11.021, 11.274, 11.432, 11.60];
>> p = polyfit (log10 (torque), log10 (stress), 1);
>> m = p (1)
   m =
     0.3255
>> b = 10^p (2)
   b =
     1.1993
>> x = [350: 2: 1100];
>> y = b * x^m;
>> subplot (2, 1, 1)
>> loglog (x, y, torque, stress,'o'), grid, xlabel ('torque (n * m)'), …
   Ylabel ('stress (n/mm.^2)'), axis ([340 1050 8.0 13.0])
```

数据拟合曲线图如图 5－41 所示。

在双对数比例尺上数据较好地拟合为一条直线，可以得出齿面接触应力与转矩成幂函数的函数关系。由上可知，$m=0.3255$，取分数为 1/3。在此基础上，结合传统应力的算法，要考虑齿轮在实际啮合过程中存在的一些实际工况系数，在应力计算中也是必须要考虑的。

齿面接触应力（正交传动）的计算公式为：

$$\sigma=KZ_\beta\sqrt[3]{T} \tag{5-92}$$

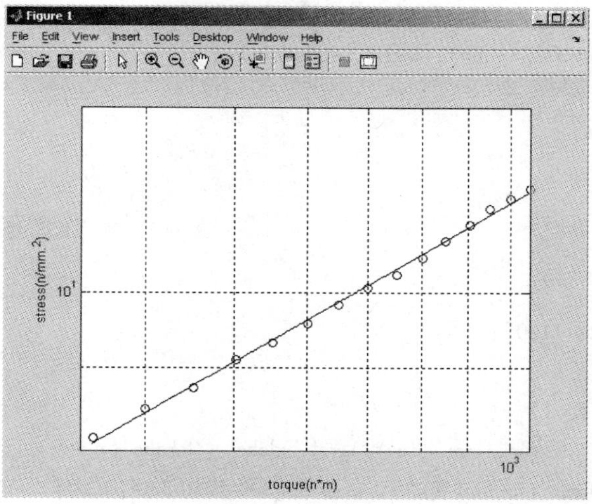

图 5-41 齿面接触应力和转矩

式中 Z_β——接触强度计算的螺旋角系数，$Z_\beta=\sqrt{\cos\beta}$。对数螺旋锥齿轮啮合转动过程中，两个节锥沿一对共轭的对数螺旋线作纯滚动，其共轭性等同于两个啮合齿面的共轭性，所以对数螺旋锥齿轮的共轭齿面也为对数螺旋曲面，保证了啮合时的等螺旋角特性。齿面接触线为一条对数螺旋线，各点的螺旋角处处相等，$\beta=39°52'$，在该齿轮的应力计算中螺旋角系数为定值，这样能够使齿轮传动更加平稳，减小传动中存在的冲击和振动。

K——该系数考虑了齿轮基本参量和齿轮副在啮合过程中一些因素的变化对应力产生的影响，包括相互啮合两齿轮的材料选取以及啮合误差和运转速度引起的内部附加动载荷因素、同时啮合的各对轮齿间载荷分配不均匀因素、轮齿沿接触线产生载荷分布不均匀现象等因素。

5.5.2 齿根弯曲应力的计算方法

对同一标准、同一齿数而模数不同的齿轮，其轮齿形状都是相似形，其应力与模数则必然成反比。根据相似理论和有限元分析，我们可以知道齿根弯曲应力与模数 m、齿宽 b 负相关，与切向力 F_{mt} 正相关。作用在锥齿轮齿宽中点处分度圆上的切向力 F_{mt}，按公式（5-91）计算。

类似于接触应力的推导方法，由于其他的量都是定值（相当于常数），弯曲应力的大小是随着作用的转矩的变化而变化的。结合数值模拟的结果，应用 MATLAB 曲线啮合理论，编辑程序，将 15 个数据点输入进去，研究存在怎样的函数关系。考虑初始状态，当转速和转矩都为 0 的时候，也就是不施加任何工况条件，齿轮不会发生运转，应力值都为 0。所以尝试幂函数加以表示，使用双对数比例尺绘制数据。

编辑程序：

```
>> torque = [351, 400, 452, 503, 551, 602, 650, 699, 751, 803, 850, 904, 950, 1002, 1050];
>> stress = [3.477, 3.832, 4.183, 4.529, 4.883, 5.232, 5.577, 5.931, 6.279, 6.650,
```

```
        7.002, 7.324, 7.681, 8.033, 8.377];
>>p = polyfit (log10 (torque), log10 (stress), 1);
>>m = p (1)
  m =
      0.8073
>>b = 10^p (2)
  b =
      0.0301
>>x = [350: 2: 1100];
>>y = b * x^m;
>>subplot (2, 1, 1)
>>loglog (x, y, torque, stress,'o'), grid, xlabel ('torque (n * m)'), …
  Ylabel ( 'stress (n/mm.^2)' ), axis ( [340 1050 3.0 10. 0])
```

数据拟合曲线图如图 5－42 所示。

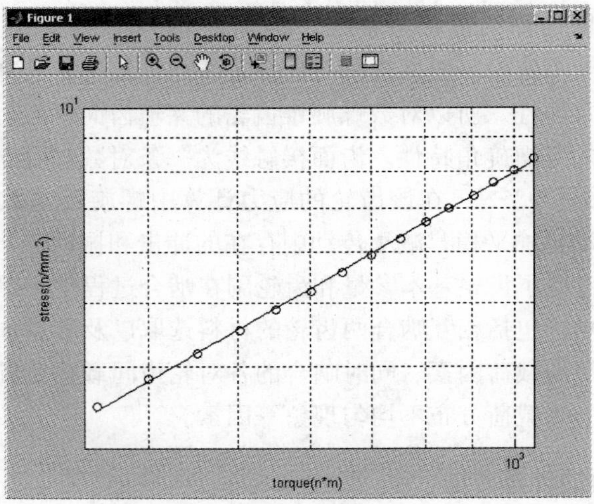

图 5－42　齿根弯曲应力值和转矩

在双对数比例尺上数据较好地拟合为一条直线，可以得出齿根弯曲应力与转矩成幂函数的函数关系。由上可知，$m=0.8073$，取分数为 4/5。类似于齿面接触应力的算法，也要考虑一些实际工况系数。

齿根弯曲应力（正交传动）的计算公式为：

$$\sigma = KY_\beta \sqrt[5]{T^4} \tag{5-93}$$

式中　Y_β——弯曲强度计算的螺旋角系数，$Y_\beta = 1 - \dfrac{\beta}{120°}$。对数螺旋锥齿轮啮合转动过程中，两个节锥沿一对共轭的对数螺旋线作纯滚动，其共轭性等同于两个啮合齿面的共轭性，所以对数螺旋锥齿轮的共轭齿面也为对数螺旋曲面，保证了啮合时的等螺旋角特性。齿面接触线为一条对数螺旋线，各点的螺旋角处处相等，$\beta = 39°52'$，在该齿轮的应力计算中螺旋角系数为定值，这样能够使齿轮传动更加平稳，减小传动中存在的冲击和振动。

K——该系数考虑了齿轮基本参量和齿轮副在啮合过程中一些因素的变化对应力产生的影响，包括相互啮合两齿轮的材料选取以及齿形因素，啮合误差和运转速度引起的内部附加动载荷因素、同时啮合的各对轮齿间载荷分配不均匀因素和轮齿沿接触线产生载荷分布不均匀现象等因素。

参考文献

[1] 李强．对数螺旋锥齿轮啮合原理及加工方法研究［D］．北京科技大学，2009.

[2] 王国平．对数螺旋锥齿轮啮合原理研究［D］．内蒙古科技大学，2007.

[3] 尚珂．对数螺旋锥齿轮的三维建模与几何参数设计［D］．内蒙古科技大学，2009.

[4] 居海军．对数螺旋锥齿轮的加工工艺［D］．内蒙古科技大学，2009.

[5] 何雯．对数螺旋锥齿轮齿面接触性能研究［D］．内蒙古科技大学，2010.

[6] 刘奕．齿轮齿形视觉检测系统研究与在对数螺旋锥齿轮上的应用［D］．内蒙古科技大学，2010.

[7] 魏子良．对数螺旋锥齿轮曲线与曲面的特性研究［D］．内蒙古科技大学，2011.

[8] 武淑琴．对数螺旋锥齿轮啮合仿真及强度计算研究［D］．内蒙古科技大学，2011.

[9] 李强，翁海珊，王国平．对数螺旋线齿锥齿轮齿面的形成及传动原理（Ⅰ）［J］．辽宁工程技术大学学报，2008，27（1）：107～109.

[10] 李强，翁海珊，王国平．对数螺旋线齿锥齿轮齿面的形成及传动原理（Ⅱ）［J］．辽宁工程技术大学学报，2008，27（2）：276～278.

[11] 李强，翁海珊，王国平．对数螺旋线齿锥齿轮齿面的形成及传动原理（Ⅲ）［J］．辽宁工程技术大学学报，2008，27（3）：410～412.

[12] 李强，翁海珊，居海军，王国平．对数螺旋锥齿轮加工中刀盘与工件间位置及运动关系［J］．沈阳建筑大学学报（自然科学版），2008（24），5：881～885.

[13] Li Qiang，Weng Haishan，Liu Lijun. Creation of the Finite Element Model of Complicated Structure Cylindrical Involute Internal Spur Gear . 2008 International Conference on Intelligent Computation Technology and Automation Proceedings（ICICTA 2008），IEEE Computer Society，2008，10：585～588.

[14] 李强，居海军，翁海珊，王国平，张文．加工对数螺旋锥齿轮刀具走刀轨迹方程的分析与确定［J］．中北大学学报，2008，12：78～81.

[15] Li Qiang，Wang Guoping，Weng Haishan. Study on Gearing Theory of Logarithmic Spiral Bevel Gear. Proceedings of the 3rd WSEAS International Conference on APPLIED and THEORETICAL MECHANICS. 2007，12：22～28.

[16] 李强，刘丽军，翁海珊，张桂霞，张洪祥．复杂结构渐开线直齿圆柱内齿轮有限元模型的建立［J］．煤矿机械，2008，5（29）：200～201.

[17] Li Qiang，He Wen，Yan Hongbo. Solving method of contact area for logarithmic spiral bevel gear. 2010 International Conference on Advanced Measurement and Test，AMT 2010，590～593.

[18] Li Qiang，Yan Hongbo，Liu Yi. Gear tooth profile recognition system based on machine vision. IEEE International Conference on Advanced Computer Control，ICACC 2010.

[19] Li Qiang，Wei Ziliang，Yan Hongbo，Hu Haiyan. A new method of constructing tooth surface for logarithmic spiral bevel gear. 2010 International Conference on Material and Manufacturing Technology，ICMMT 2010 被 EI 收录．检索号：20110113544978.

[20] Li Qiang, He Wen, Yan Hongbo, Zhang Hongxiang. Logarithmic spiral bevel gear tooth contact inspection. 2010 International Conference on Frontiers of Manufacturing and Design Science, ICFMD2010.

[21] 北京齿轮厂编. 螺旋锥齿轮 [M]. 北京: 科学技术出版社, 1974.

[22] 郑昌启. 弧齿锥齿轮和准双曲面齿轮 [M]. 北京: 机械工业出版社, 1988.

[23] 陈荣增, 陈式椿, 陈谌闻. 圆弧齿圆柱齿轮传动 [M]. 北京: 高等教育出版社, 1995.

[24] 冯德坤, 马香峰. 包络原理及其在机械方面的应用 [M]. 北京: 冶金工业出版社, 1994.

[25] 董学朱. 摆线齿锥齿轮及准双曲面齿轮设计和制造 [M]. 北京: 机械工业出版社, 2003.

[26] 吴序堂. 齿轮啮合原理 [M]. 西安: 西安交通大学出版社, 2009.

[27] 朱孝录. 齿轮传动设计手册 [M]. 北京: 化学工业出版社, 2010.